AF509153

LA STATIQUE

DES VÉGÉTAUX,

ET CELLE

DES ANIMAUX;

EXPÉRIENCES LUES A LA SOCIÉTÉ ROYALE DE LONDRES,

PAR LE D. HALES,

Membre de cette Société, &c.

SECONDE PARTIE.

LA STATIQUE DES ANIMAUX.

A PARIS,

DE L'IMPRIMERIE DE MONSIEUR.

M. DCC. LXXX.

HÆMASTATIQUE

OU

LA STATIQUE

DES ANIMAUX,

EXPÉRIENCES HYDRAULIQUES
faites fur des Animaux vivans,

AVEC

Un Recueil de quelques Expériences fur les Pierres que l'on trouve dans les Reins & dans la Veffie ; & des Recherches fur la nature de ces Concrétions irrégulières ;

OUVRAGE TRADUIT DE L'ANGLOIS

Par M. DE SAUVAGES, Profeffeur royal de Médecine en l'Univerfité de Montpellier, & Membre de la Société royale de Suède.

BIBLIOTHÈQUE NATIONALE

AVERTISSEMENT DU TRADUCTEUR.

Je croirois faire tort au public de ne pas lui faire part de l'Hæmaſtatique de M. Hales ; je ne ſache pas de meilleur ouvrage que celui-là , pour l'économie animale , après celui d'Alphonſe Borelli. Dès que j'eus parcouru les premières pages de ces eſſais , j'en fus ſi charmé , que je me mis à le traduire pour mon uſage, de crainte que l'original ne me manquât. Comme ce n'eſt pas ici un ouvrage d'eſprit, je ne me ſuis pas piqué de la grande pureté du langage ; il n'eſt queſtion que de faits & de raiſonnemens , qui , quoique géométriques , ſont à la portée de tout le monde , & j'ai tâché de les rendre clairs. On peut juger de l'excellence de cet ouvrage par le premier volume que l'illuſtre M. de Buffon , de l'Académie royale des Sciences , & Intendant du Jardin royal des Plantes , a traduit pour les mêmes motifs. Son goût pour les plantes lui a fait préférer le premier volume ; mais s'il avoit été médecin , il auroit trouvé de plus grandes beautés dans le ſecond , & nous l'aurions vu traduit de ſa main avec les ornemens qu'il a donnés au premier. Il eſt très-

a iij

vrai que ce fecond volume n'a pas befoin de planches, l'auteur même n'y en a point mis ; & en tout cas, M. de Buffon y a fuppléé. Je ne me crois pas obligé de donner ici à ce livre les éloges qu'il mérite ; fi je prends la peine de le traduire, on s'imagine bien que j'en fais beaucoup de cas ; il fuffit de dire que c'eft un recueil d'Expériences faites avec grand foin & grande exactitude fur des animaux vivans, au moyen defquelles on détermine les forces des liqueurs dans leurs divers tuyaux. Un mécanicien qui fait que tous les phénomènes qu'on obferve dans notre machine, dépendent de la force des fluides qui y circulent, c'eft-à-dire, de la différence des maffes & des viteffes des liqueurs, verra tout d'un coup l'utilité de cet ouvrage. Les forces des fluides ont tant de rapport à celles des folides, que, connoiffant les unes, on en déduit aifément les autres ; & c'eft ce qu'a fait M. Hales, & cela indépendamment d'aucun fyftême. Voilà donc une phyfiologie complette, fondée fur des expériences, & tirée des principes les plus certains. Ce n'eft pas tout, M. Hales obferve les maladies artificielles qu'il procure à ces animaux par fes expériences, & nous donne par-là des principes de Pathologie qui ne peuvent tromper.

M. Hales femble avoir fuivi la route que M. Boerhaave indique à tout médecin qui afpire à fe perfectionner : *Oculum geometriæ luce acutum ad*

*incisa cadavera, ad spirantium corpora brutorum
aperta tacitus circumfert. Jam vasorum structuram,
figuras, firmitatem, ortum, fines, nexus, cur-
vaturas, flexibilitatem contemplatur & elaterem.
Mox conspecta ad mecanismum applicans, abditas
detegit harum partium virtutes. Hîc incisa, quo-
rum notaverat morbos, ruspatur cadavera; illic
in brutis arte factas ægritudines observat. Ex
vobis absolutam consummati medici imaginem,
huic consimilem me reddere studui ut medicinam feci.*
(Oratio de usu ratiocinii mecanici in Medicina.)

Je sais bien que cet ouvrage ne suffit pas; mais
c'est beaucoup que de trouver le bon chemin, &
d'être assuré qu'on avance vers la vérité ; c'est
beaucoup aussi que de l'indiquer ce bon chemin,
& de nous montrer, comme a fait M. Hales, de
nouvelles routes, & d'en faire l'essai. On ne peut
qu'admirer l'usage qu'il fait des injections pour
découvrir au juste la véritable distribution &
grandeur des vaisseaux, que des injections trop
ou trop peu poussées nous cachent; il les fait
pousser avec une égale force à celle du cœur
même. On apperçoit avec ravissement le jour
qu'il répand sur la matière médicale, en nous
faisant voir au clair les différens effets du froid,
du chaud, des remèdes astringens, apéritifs, &c.
sur les différens vaisseaux. Quelle honte pour les
médecins, qu'un théologien leur ait enlevé l'honneur de tant d'utiles découvertes !

a iv

Il n'est pas mal-aisé d'appliquer au corps humain les expériences que M. Hales a faites sur des animaux; c'est ce que j'ai tâché de faire : & pour cela j'ai pris exactement bien des fois la mesure des vaisseaux sur des cadavres humains, & ai réitéré bien des expériences de notre Auteur; j'y ai ajouté celles que j'ai crues nécessaires pour l'embellissement de cet ouvrage : de-là résultent les Notes ou Additions qu'on trouvera après les articles.

AU ROI,

SIRE,

*L'accueil favorable dont VOTRE
MAJESTÉ a honoré le premier volume
de mes Expériences, m'a enhardi, non-*

feulement à pourfuivre ces recherches phyfiques, mais auffi à vous en préfenter le réfultat. L'étude de la Nature ne tarit pas, elle nous offre toujours des fujets nouveaux ; & nous avons bien des graces à rendre à Dieu des talens qu'il nous a donnés, & du defir qu'il a allumé dans nos cœurs de rechercher & contempler fes ouvrages, dans lefquels plus on avance, & plus on découvre de marques de fa fageffe & de fon pouvoir; tout y plaît, tout y inftruit, parce que tout y déclare la fcience infinie du Créateur.

Comme la fuperbe architecture de l'Univers a été formée principalement pour l'ufage des hommes, plus on fera de découvertes dans la nature & dans

*les propriétés des choses, plus nos ri-
chesses réelles augmenteront, & plus
nous serons obligés à reconnoître & à
louer la bonté & la magnificence de
l'Etre suprême qui nous les donne.
Personne n'ignore que les Sujets de
VOTRE MAJESTÉ ont l'avan-
tage d'exceller dans la Philosophie
expérimentale, dont on sait les grands
usages dans tous les Arts. Et comme
les Arts & les Sciences dépendent, &
de ces talens, & sur-tout de la protec-
tion des Princes, nous avons le plaisir
de les voir fleurir avec éclat dans votre
Royaume, sous les favorables aus-
pices de VOTRE MAJESTÉ,
qui ne néglige rien de ce qui peut con-
courir au bien & à la prospérité de son*

Peuple. Puiſſe VOTRE MA-
JESTÉ, après avoir rendu long-
temps ſes Peuples heureux ſur la
Terre, jouir enſuite dans le Ciel de
l'éternelle félicité ! Ce ſont les vœux
ſincères de celui qui eſt,

SIRE,

DE VOTRE MAJESTÉ,

Le très-humble & très-
fidèle ſujet,
ETIENNE HALES.

PRÉFACE

DE L'AUTEUR.

Ce que j'avois cru n'être qu'une addition aux Expériences du premier volume, est devenu un volume aussi gros que le premier; tant l'Auteur de la nature récompense libéralement, par de nouvelles découvertes, ceux qui ont l'avantage d'examiner ses ouvrages. Nous ne manquerons sûrement pas de matière à de nouvelles Expériences; &, bien que l'histoire de la nature ait été fort augmentée par les expériences sans nombre qu'on a faites dans l'espace d'un siècle, les propriétés des corps sont si diversifiées, & les manières de les découvrir si nombreuses, qu'il n'est pas surprenant que nous n'ayons pas atteint au-delà de la surface ou écorce des choses. Nous ne devons pourtant pas nous décourager; car, quoique nous ne puissions pas nous flatter d'atteindre jamais à la parfaite connoissance du tissu &

de la conſtitution intérieure des corps, nous pouvons néanmoins raiſonnablement eſpérer de faire par cette méthode des progrès de plus en plus conſidérables, & propres à nous dédommager de nos ſoins.

C'eſt une méthode ennuyeuſe, il eſt vrai, mais c'eſt la ſeule que nous connoiſſions : car, ainſi que le remarque le ſavant Auteur des *Progrès de l'Entendement humain, page 205*, toute la connoiſſance vraie & réelle que nous avons de l'Univers, eſt entiérement expérimentale ; de façon que, toute étrange que ſoit cette propoſition, nous devons poſer pour règle certaine en phyſique, « Qu'il n'eſt pas » au pouvoir de l'eſprit humain de ren- » dre raiſon d'un ſeul phénomène, par la » théorie ſeule & dépourvue d'expé- » rience. » Ainſi nous ne pouvons pas déduire la phyſique des ſpéculations ou principes purement théoriques, & nous pouvons ſeulement, d'après les mathématiciens, raiſonner avec une certitude paſſable ſur les vérités données, telles qu'on les déduit du témoignage réuni d'expériences nombreuſes, bonnes & dignes de foi.

Il ne paroît pourtant pas déraiſonnable, d'autre part, de pouſſer ſeulement le raiſonnement un peu plus loin que là où nous conduit la pleine évidence des faits observés ; car, à prendre des extrémités des choses clairement connues, il s'en répand une forte de crépuscule qui éclaire jufques aux confins des terres que nous ne connoiffons pas encore. N'eft-ce pas le cas de nous laiffer aller à la démangeaifon de conjecturer ?

Sans cela, nous n'avancerions que bien lentement, foit par les expériences, foit par le raifonnement; car les nouvelles découvertes doivent fouvent leur naiffance à des conjectures hardies, & à d'heureufes imaginations : quelquefois même des idées fauffes nous mènent à la découverte que nous cherchons ; c'eft en obfervant nos erreurs & nos méprifes dans les premières tentatives, que nous fommes fouvent conduits à l'expérience fondamentale, qui eft la fource d'autres plus utiles & importantes découvertes.

Si quelqu'un pouvoit s'imaginer que j'ai quelquefois trop donné aux conjectures dans les conféquences que j'ai tirées des fuccès de quelques Expériences, il doit confidérer que c'eft à ces conjectures que font dues ces nouvelles découvertes; car, bien que quelques-unes portent à faux, elles n'ont pas laiffé de me mener plus loin. C'eft par de femblables conjectures que j'ai marché par degrés à travers une longue & pénible suite d'Expériences, dans aucune desquelles je n'ai certainement pas prévu ce qui en seroit, avant de faire l'Expérience, laquelle ensuite m'a mené à d'autres conjectures & à d'autres Expériences.

Dans cette méthode, nous pourrons faire de plus en plus des progrès dans la connoissance de la physique, à proportion du nombre d'observations que nous aurons. Mais, de même que nous ne pouvons pas espérer d'en avoir un assez grand nombre pour parvenir à la parfaite connoissance du grand & obscur systême de l'Univers, aussi seroit-ce un travail fort sec de ne s'occuper jamais qu'à creuser des fondemens sans jamais bâtir dessus. Nous devons nous contenter, dans l'enfance de la physique dont nous ne connoissons qu'une partie, d'imiter les enfans qui, faute de matériaux, d'habileté, ou de force, s'amusent à bâtir des châteaux de cartes.

Nous approchons de plus en plus de la vérité par nos tentatives, & par l'étude de la Nature, de façon que les générations suivantes, profitant de nos observations & des leurs propres, *quand toutes seront réunies ensemble, étendront notablement leur savoir.* (Dan. XII. 4.) En même temps, ce seroit fort mal à nous, dans l'incertitude

tude où nous sommes, de traiter avec dédain les méprises & erreurs des autres, quand nous ne pouvons pas ignorer que nous ne voyons nous-mêmes les choses qu'à travers une glace fort obscure, & que nous sommes bien éloignés de pouvoir prétendre à l'infaillibilité.

Comme il est important de connoître sur-tout le mécanisme du corps humain, aussi y a-t-il eu toujours de tems à autres des Savans qui y ont fait d'utiles découvertes; &, comme le corps est soumis aux lois d'hydraulique, j'ai fait bien des recherches pour en connoître les mouvemens intérieurs. Le désagrément de ces Expériences anatomiques m'auroit empêché de les entreprendre, n'étoit, d'autre part, la considération de l'utilité dont ces travaux pourroient être à l'avenir. J'y ai trouvé un vaste champ à faire des expériences, lesquelles peuvent être multipliées de diverses façons; je me suis contenté d'en donner quelques essais.

Ces expériences mettant dans un grand jour la raison de certains phénomènes, je crois que si d'habiles anatomistes & physiologistes s'en servoient, ils pourroient expliquer une infinité de phénomènes qui se présentent dans un sujet si compliqué que l'est le corps humain.

Partie II. b

PRÉFACE

C'est dans cette admirable machine que tout se trouve sagement ajusté, avec nombre, poids & mesure, mais avec de si nombreuses circonstances, qu'il faut avoir par devers soi bien plus de choses connues pour établir dessus des calculs exacts. Et quoique les calculs que j'avance soient sujets à cet inconvénient, on peut cependant en tirer bien des conséquences utiles à l'économie animale.

La juste proportion des parties, leurs beautés sans nombre, leur symétrie merveilleuse, l'accord mutuel de cet assemblage de tant de divers fluides & solides, offriront toujours de nouvelles découvertes à y faire, & fourniront sans cesse des preuves de la sagesse du divin Architecte qui les a formées. Les traces de ses mains sont si clairement marquées sur chaque chose, que c'est avec juste raison que le Psalmiste appelle fous ceux qui s'écartent au point de dire en leur cœur qu'il n'y a point de Dieu : on reconnoît sa puissante main si évidemment sur toutes les parties de l'Univers, qu'on peut dire, sans craindre de blesser la charité, que ceux qui prétendent ne la pas voir, s'aveuglent exprès & parlent contre leur pensée.

Dans le Traité du Calcul, j'ai tâché de trouver la véritable essence de ces formi-

dables concrétions ; mais, quoique je n'aie
pas eu le bonheur de découvrir le préserva-
tif ou diffolvant affuré de ces pierres, je ne
défefpère pas que mes recherches ne puiffent un jour conduire à la connoiffance des
caufes qui les forment, & des fecours qui
en retardent l'augmentation ; ce qui feroit
un grand point.

L'inftrument que je décris à la fin de ce
Traité, pourra fervir en bien des rencon-
tres, à tirer, fans incifion & fans grande
douleur, les petits calculs engagés dans l'u-
rèthre.

TABLE
DES EXPÉRIENCES
DE LA
STATIQUE DES ANIMAUX.

Partie II.   c

EXPÉRIENCES
SUR LE CALCUL HUMAIN.

Fin de la Table des Expériences.

APPROBATION.

J'AI lu, par ordre de Monseigneur le Garde des Sceaux, un Ouvrage intitulé : *La Statique des Végétaux & des Animaux*, & je n'y ai rien trouvé qui puisse en empêcher l'impression. A Paris, ce 28 Décembre 1779.

BRISSON.

PERMISSION.

LOUIS, PAR LA GRACE DE DIEU, ROI DE FRANCE ET DE NAVARRE: A nos amés & féaux Conseillers, les Gens tenans nos Cours de Parlement, Maîtres des Requêtes ordinaires de notre Hôtel, Grand-Conseil, Prévôt de Paris, Baillifs, Sénéchaux, leurs Lieutenans Civils, & autres nos Justiciers qu'il appartiendra: SALUT. Notre amé le sieur DIDOT le Jeune, Libraire à Paris, Nous a fait exposeru'il desireroit faire imprimer & donner au Public un Ouvrage intitulé *Statique des Végétaux & des Animaux*, s'il Nous plaisoit lui accorder nos Lettres de Permission pour ce nécessaires. A CES CAUSES, voulant favorablement traiter l'Exposant, Nous lui avons permis & permettons par ces Présentes, de faire imprimer ledit Ouvrage autant de fois que bon lui semblera, & de le faire vendre & débiter par tout notre Royaume, pendant le temps de cinq années consécutives, à compter du jour de la date des Présentes. Faisons défenses à tous Imprimeurs, Libraires & autres personnes, de quelque qualité & condition qu'elles soient, d'en introduire d'impression étrangère dans aucun lieu de notre obéissance; à la charge que ces Présentes seront enregistrées tout au long sur le Registre de la Communauté des Imprimeurs & Libraires de Paris, dans trois mois de la date d'icelles; que l'Impression dudit Ouvrage sera faite dans notre Royaume & non ailleurs, en bon papier & beaux caractères; que l'Impétrant se conformera en tout aux Réglemens de la Librairie, & notàmmènt à celui du 10 Avril 1725, à peine de déchéance de la préſente Permiſſion; qu'avant de l'expoſer en vente, le Manuſcrit; qui aura ſervi de copie à l'Impreſſion dudit Ouvrage, ſera remis, dans le même état où l'Approbation y aura été donnée, ès mains de notre très-cher & féal Chevalier Garde-des Sceaux de France le ſieur HUE DE MIROMENIL; qu'il en ſera enſuite remis deux Exemplaires dans notre Bibliothèque publique, un dans celle de notre Château du Louvre, un dans celle de notre très-cher & féal Chevalier Chancelier de France, le Sieur DE MAUPEOU, & un dans celle dudit ſieur HUE DE MIROMENIL; le tout à peine de nullité des Préſentes. Du contenu deſquelles vous mandons & enjoignons de faire jouir ledit Expoſant, & ſes ayant-cauſe, pleinement & paiſiblement, ſans ſouffrir qu'il leur ſoit fait aucun trouble ou empêchement. Voulons qu'à la Copie des Préſentes, qui ſera imprimée tout au long au commencement ou à la fin dudit Ouvrage, foi ſoit ajoutée comme à l'original. Commandons au premier notre Huiſſier ou Sergent ſur ce requis, de faire pour l'exécution d'icelles tous Actes requis & néceſſaires, ſans demander autre permiſſion, & nonobſtant clameur de Haro, Charte Normande & Lettres à ce contraires : CAR tel eſt notre plaiſir. DONNÉ à Paris, le vingt-ſixième jour du mois de janvier, l'an mil ſept cent quatre-vingt, & de notre Règne le ſixième. Par le Roi en ſon Conſeil.

Signé **LE BEGUE.**

Regiſtré ſur le Regiſtre XXI de la Chambre Royale & Syndicale des Libraires & Imprimeurs de Paris, Nº. 1901, Fol. 249, conformément aux diſpoſitions énoncées dans la préſente Permiſſion, & à la charge de remettre à ladite Chambre les huit Exemplaires preſcrits par l'Article CVIII du Réglement de 1723. A Paris, ce 31 janvier 1780.

A. M. LOTTIN l'aîné, Syndic.

HÆMASTATIQUE

HÆMASTATIQUE,

OU

LA STATIQUE

DES

ANIMAUX.

<hr>

INTRODUCTION.

1. COMME le corps animé ne confiste pas feulement en un merveilleux affemblage de parties folides, mais qu'il eft auffi compofé principalement de fluides, qui circulent fans ceffe à travers l'inimitable labyrinthe des vaiffeaux fanguins & lymphatiques, dont quelques-uns font exceffivement petits; & comme la fanté confiste auffi principalement dans le jufte équilibre ou balancement entre les liqueurs & les tuyaux, on a, depuis la découverte de la circulation, regardé

Partie II.   A

comme le fujet le plus digne de nos recherches, la découverte des forces & des viteffes avec lefquelles ces fluides font pouffés par les tuyaux qui les contiennent; ce qui répandroit un grand jour fur l'économie animale.

2. Plufieurs perfonnes ingénieufes ont, de temps à autre, effayé de déterminer la force du fang dans le cœur & dans les artères; mais leurs calculs étoient auffi éloignés de la vérité, qu'ils l'étoient les uns des autres, & cela, faute d'un nombre fuffifant de faits & d'expériences fur lefquelles ils puffent établir leur raifonnement. Avec la jufteffe d'efprit & les grandes lumières qu'avoient ces favans, ils n'auroient pas manqué d'approcher de plus près de la vérité, s'ils avoient fait précéder une fuite d'expériences propres à les y conduire (1).

---

(1) M. Hales a en vue la différence des calculs de Borelli & de Keill fur la force du cœur, & trouve ces calculs auffi éloignés de la vérité qu'ils font différens entr'eux. Je ne faurois mieux juftifier ces mathématiciens, qu'en donnant le précis de leurs calculs. Et pour rendre clair ce que j'ai à dire fur cela, autant que je puis le faire fans algèbre & fans le fecours des figures géométriques, je prie le lecteur mécanicien de confidérer dans les mufcles trois fortes de forces: 1°. leur force de ténacité, laquelle fe mefure par le poids qu'ils peuvent foutenir fans fe rompre: 2°. leur force contractive entière, ou la fomme des forces que la puiffance mouvante doit dépenfer pour les raccourcir ou contracter, en équilibrant certains poids: 3°. leur force contractive apparente, qui fe mefure par le poids apparent & fenfible qu'ils foutiennent, fans faire attention aux leviers ou organes commodes ou incommodes pour le foutenir.

1°. Quant à la force de ténacité, M. Muffchenbroeck trouva, par expérience, qu'une bandelette de la peau ré-

3. Trouvant donc très-peu de satisfaction dans ce qui avoit été tenté par Borelli & autres sur ce sujet, je tâchai, il y a près de vingt-cinq ans,

---

cente d'un bœuf, large de 0.4 pouces, & épaisse de 0.18 pouces, soutint 380 livres. La coupe transverse de cette bandelette avoit 0.072 pouces quarrés. Donc une corde de pareilles fibres, qui auroit une section d'un pouce quarré ou de 1000, soutiendroit 583 livres. Mais la section transverse du tissu du cœur a bien trois pouces quarrés, ce qui lui donne 1749 livres de cette force. Mais, de même qu'une corde d'une ligne de longueur peut soutenir le même poids qu'une de 100 lignes, il faut multiplier cette force du cœur 1749, par le nombre de lignes, ou même de demi-lignes qu'il a dans sa longueur; car chaque coupe transverse de demi-ligne de hauteur soutient le même poids : ainsi l'on aura, en mettant 5 pouces pour la longueur du cœur, 209880 livres pour sa force de ténacité.

Je ne propose ceci que pour faire voir que les diverses manières de supputer les forces d'un même corps, peuvent conduire à diverses estimations de ces forces, lesquelles estimations, quoique différentes, ne laissent pas d'êtres vraies. Ainsi, en supposant vrais les principes d'expérience ci-dessus énoncés, il est vrai de dire que la force de ténacité du cœur est de 1749 livres, ou encore de 209880 livres.

2°. La force contractive d'une fibre musculeuse est égale au poids qu'elle peut soutenir, & même élever, pris deux fois, & le tout multiplié par le nombre des rides que cette fibre fait nécessairement en se raccourcissant. Car il est bien évident que si un filet fixé par un bout, ou soutenu avec la main, supporte, en se fronçant, le poids d'une livre attaché à son extrémité inférieure, il a une livre de force pour résister à ce poids ; mais il lui faut une autre livre de force pour résister à la main qui le contretient, & dont l'action égale une livre ; donc il a 2 livres de force. Mais si l'on met que ce filet fasse 100 plis ou froncis, il est bien évident que chacun de ces froncis soutiendroit ces 2 livres ; ainsi tous ensemble en soutiennent ou peude trouver, par des expériences convenables, quelle eſt la force du ſang dans les artères crurales d'un chien; & je répétai, ſix ans après, la

---

vent ſoutenir 200. M. Borelli ne met que 20 froncis dans la longueur d'un pouce de chaque fibre muſculeuſe, & c'eſt les prendre ſur un bas pied. Il établit encore que les muſcles de même volume ont le même nombre de fibres motrices, & celles du cœur ont bien plus de denſité que celles des autres muſcles dans le même ſujet. Il trouve encore que la maſſe du cœur égale en poids, & partant en force, celle d'un muſcle maſſeter & d'un temporal enſemble, leſquels ſans machine ſoulèvent 150 liv. peſant: mais la force machinale que le cœur emploieroit pour ne ſoulever que ces 150 livres, ainſi que les deux muſcles ci-deſſus, devroit être de beaucoup plus grande que n'eſt cette force apparente ou ce poids; car l'effort d'un muſcle attaché par un bout fixe, eſt double du poids qu'il ſoutient : ainſi nous trouvons que l'effort du cœur eſt de 300 livres; &, comme chaque zone de demi-ligne d'épaiſſeur d'un muſcle, ainſi que d'une corde mouillée, peut élever un auſſi grand poids que tout le muſcle ou que toute la corde, il s'enſuit que, pour avoir l'effort du cœur plus approché, il faut multiplier au moins par 20, nombre des zones ou des froncis imperceptibles des fibres du cœur, l'effort de 300 livres déja trouvé, ce qui donne 6000 liv. Je ne pourſuis pas plus loin la recherche; il faudroit copier tout l'excellent ouvrage de Borelli; il ſuffit d'avoir montré que la force de ténacité du cœur eſt autre que ſa force mouvante, & que celle-ci eſt ou apparente ou vraie, & que la vraie eſt de pluſieurs milliers de livres : ce qui ſe déduit encore des réſiſtances que le cœur doit ſurmonter; car l'air qui environne l'homme le preſſe avec environ 34000 livres de force : le cœur doit les ſurmonter pour dilater tous les vaiſſeaux d'un coup de piſton; c'eſt ce qu'il fait quand le ſujet vivant eſt mis dans la machine pneumatique. De quelque façon qu'on ſuppoſe que ſe fait le mouvement muſculaire, il y a toujours des froncemens des fibres, & ces froncemens ſont produits par des efforts latéraux à droite & à gauche, leſquels ſe détruiſent à cauſe de leur oppoſition, & ne paroiſſent pas dans la force ap-

même chofe fur deux chevaux & fur un daim ; mais je ne pouffai pas mes recherches plus loin, étant découragé par le défagrément des diffec-

parente de ce mufcle ; de même que fi trente chevaux vigoureux tiroient latéralement des deux côtés le train d'un carroffe, employant chacun une force de 1000 livres, il fe pourroit qu'ils ne fiffent pas fur le carroffe un effet de 100 livres, tandis que la force vraie & totale qu'ils emploieroient feroit de 30000 livres, ou capable de mouvoir dans une autre direction 300 quintaux.

Si donc MM. Keill & Hales ne cherchent dans ce cas-ci que la force imprimée au mobile, comme effectivement ils ne cherchent que celle que le cœur a imprimée au fang, ils ne doivent trouver que quelques livres, ou fi l'on veut quelques onces ; mais ce n'eft pas trouver la force totale du cœur, non plus qu'un mécanicien ne diroit pas avoir trouvé la force totale des chevaux ci-deffus, par celle qu'ils ont imprimée au carroffe tiré obliquement ; car il peut fe faire que tous ces chevaux ne faffent pas, avec tous leurs efforts, mouvoir le carroffe ; ce qui arriveroit s'ils le tiroient en fens contraire, perpendiculairement au train ou à l'axe de la voiture.

M. Keill n'a recherché que le poids que peut foutenir la colonne du fang qui fort du cœur en paffant dans l'aorte ; il n'a eu qu'à trouver quel eft l'efpace dans lequel le fang fe répand, ou eft exprimé à chaque contraction du cœur dans un temps donné, c'eft-à-dire, la viteffe du fang : la viteffe du fang étant déterminée, & l'orifice de l'aorte étant connu, on a la force du fang dans ce lieu par la règle que voici.

« La force d'un fluide contre une furface donnée, eft le » poids d'un cylindre de ce fluide fait fur cette bafe ou fur- » face, & dont la hauteur eft relative à la viteffe de ce » même fluide. » Mettons la viteffe du fang dans l'aorte de 19 pieds par feconde, l'orifice de l'aorte de 70 lignes en quarré ; la hauteur relative à 19 pieds eft environ 7 pieds, à laquelle effectivement le fang peut s'élever dans un tube fixé à l'aorte : or il ne refte qu'à trouver le poids d'une colonne de fang de 7 pieds de hauteur, fur 70 lignes de bafe ; on la trouvera de quelques onces feulement. Mais ce

tions anatomiques. Cependant, ayant reconnu ces dernières années, par expérience, l'avantage qu'il y a d'employer les secours de l'hydraulique dans

---

n'est pas avoir trouvé la force du cœur, comme M. Keill par inadvertance l'a écrit vers la fin de son Essai, ne se souvenant plus que dans son titre il cherchoit une portion de cette force, qu'il ne trouve même pas, & que M. Hales détermine.

Car M. Hales ne cherche pas, comme Borelli, la force totale & vraie du cœur, ni celle du sang au sortir du cœur, mais la force partiale & apparente que le cœur ou ses ventricules emploient à pousser le sang ; & il la démontre égale au poids d'un cylindre de ce fluide qui auroit pour hauteur celle à laquelle le sang peut être soutenu par le cœur contracté, & pour base la surface interne de ces ventricules. Cette force peut aller à 40 ou 50 livres, suivant les sujets ; M. Jurin l'estima 30 livres $\frac{1}{2}$. *Philosoph. Transact.*

Je ne vois en tous ces calculs aucune contradiction ; & je ne puis assez m'étonner que des personnes, d'ailleurs très-savantes, aient pris de-là occasion de décrier l'usage de la mécanique appliquée au corps humain. Si je veux savoir quel poids peut soutenir le piston d'une seringue, j'y attache un poids qui la tire selon son axe : je suppose que ce soit 10 quintaux. Si ensuite je veux savoir quel est l'effort d'un homme qui entre ses mains voudroit écraser ou même écraseroit ce piston, je ferois un calcul, & je trouverois, si l'on veut, un quintal ; cela fait, je chercherois quel est le poids que peut soutenir l'eau sortant par un ajutage de ce tuyau : ce poids ne seroit qu'une partie de la force avec laquelle la base du piston exprime l'eau : la première force est à l'autre, comme la surface de l'ajutage est à celle de la base du piston. Mettons que la surface ou section de l'ajutage soit 30 fois moindre que la base du piston ; je trouverai, si l'on veut, d'un côté une livre de force, & de l'autre j'en aurai trente ; & tous ces calculs seront justes & s'accorderont. Pourquoi veut-on que ceux que MM. Borelli, Keill & Hales ont faits à l'égard du cœur, se contredisent ? Ils peuvent manquer d'exactitude, ou être fondés sur des demandes anatomiques peu justes ;

la ſtatique des végétaux & l'analyſe de l'air, je
me ſuis flatté de quelque ſuccès, ſi j'appliquois la
même méthode aux animaux. Je voyois effectivement que leurs corps ne ſont autre choſe qu'un
aſſemblage de canaux & de ſucs qui roulent de-

---

mais ils ne laiſſent pas que d'approcher de beaucoup de la
vérité, & l'on n'a qu'à les rendre plus exacts, en prenant
ſur les vaiſſeaux & le cœur des meſures plus exactes. Ce
ſera la géométrie elle-même qui corrigera les erreurs des
géomètres; avantage propre à cette ſcience : elle nous
éclaire toujours : quand il faut rétrograder, elle nous di-
rige, & ce n'eſt qu'en l'abandonnant qu'on ſe perd.

M. Michelotti remarque fort juſtement que ceux qui
décrient les mathématiques, en tant qu'on les applique au
corps humain, ſe trouvent communément dans le même
cas que le renard dont parle La Fontaine, qui mépriſoit
les fruits dont il étoit affamé, mais auxquels il ne pouvoit
atteindre ; ou bien ils reſſemblent à ce renard qui n'ayant
point de queue, propoſoit, en plein conſeil, d'en abolir
l'uſage.

Il eſt vrai que les mathématiciens ne ſont pas toujours
à l'abri de l'illuſion, & que les termes pompeux que quelques médecins empruntent de la géométrie, ne rendent
pas leurs raiſonnemens plus géométriques; mais il n'eſt
pas moins vrai que cette ſcience nous fournit les meilleu-
res méthodes de trouver la vérité ; que le traité des proportions eſt la meilleure logique qu'on puiſſe avoir ; &
que le corps humain étant une machine, ce n'eſt que la
mécanique, aidée de la géométrie, qui peut nous en
faire connoitre les propriétés, tandis que l'anatomie nous
découvre la figure, la maſſe & l'arrangement des plus petits organes qui la compoſent.

Les médecins ennemis de la géométrie, ne manquent
aucune occaſion de la mépriſer ; & la plus commune objection qu'ils font contre l'uſage de cette ſcience en médecine, c'eſt qu'elle ne nous fait connoitre que ce que les
choſes ſont l'une à l'égard de l'autre, & non ce qu'elles
ſont en elles-mêmes, & qu'étant appliquée à des parties
dont le tiſſu & la ſtructure intime échappent à nos ſens,

dans avec certaine force & rapidité, plus grande
dans les uns, moindre dans les autres ; & c'est
ce qui m'a encouragé à reprendre ces recherches

---

elle ne peut en découvrir les proportions avec cette exactitude dont la géométrie pure se vante si fort.

> Un homme ayant un œil poché,
> Et voyant assez peu de son autre visière,
> S'écrioit un jour, fort fâché
> De n'avoir pas sa vue entière :
> Quoi ! n'y voir qu'à demi ? j'aime mieux n'y point voir ;
> On me rit au nez quand je lorgne,
> Qui pis est, on m'appelle borgne :
> Il faut avoir deux yeux, ou bien n'en point avoir.
> Vous en serez la dupe, ô Nature marâtre !
> Car je vais sur l'œil sain m'appliquer un emplâtre.

> Notre homme & ses belles raisons
> Sentoient les Petites - Maisons.
> Cependant nous voyons des médecins fort graves
> Qui raisonnent tout comme lui :
> De la géométrie on veut nous rendre esclaves !
> Par - tout on la vante aujourd'hui !
> Sa méthode, dit - on, qu'à notre art on applique,
> Fait raisonner plus juste, & voir même plus clair !
> Sans elle, il est vrai, la physique
> Ne fait que des contes en l'air.
> Mais que nous apprend-elle en l'essence des choses ?
> Presque rien : ce ne sont que de certains rapports ;
> On sait quelques effets, mais en sait-on les causes ?
> Et sans sortir de notre corps,
> En voit - on le tissu, les fibres, les ressorts ?
> Quelqu'un en a - t - il pris les exactes mesures ?
> Les règles, il est vrai, sont sûres ;
> Mais pour les appliquer on fait de vains efforts.

> C'est fort bien raisonné sans doute :
> Puisqu'en l'art d'Hippocrate on ne voit presque goute,
> Il faut fermer les yeux & marcher à tâtons ;
> Etant tous Quinze-Vingts, pour mieux trouver la route,
> Il ne resteroit plus qu'à jeter nos bâtons.

par diverſes expériences, telles que je croyois propres à répandre le plus de lumière ſur ce ſujet.

4. On ſera ſurpris ſans doute de me voir engager dans des recherches de cette eſpèce, ſans y être porté ni par ma profeſſion, ni par mon inclination, & cela ſur-tout en un ſiècle & dans un pays ſi éclairés & ſi fertiles en excellens anatomiſtes, qui ont porté l'art de préparer & d'injecter les plus petits vaiſſeaux capillaires à un ſi haut point de perfection.

5. Mais, comme ces ſavans anatomiſtes n'ont juſqu'ici employé pour leurs injections que des méthodes très-fautives, telle qu'eſt celle de ſouffler & de pouſſer à diſcrétion le piſton de la ſeringue, je me flatte qu'il paroîtra, par les eſſais que j'en donne, qu'il vaut infiniment mieux employer ma nouvelle méthode d'injecter, au moyen de laquelle on règle exactement la force des injections : je compte même que mes eſſais engageront d'habiles anatomiſtes à appliquer & à varier cette méthode ſur les différentes parties du corps, tant pour rendre les vaiſſeaux plus ſenſibles, que pour éprouver les effets de divers remèdes épaiſſiſſans, atténuans, aſtringens, laxatifs & autres, ſur les animaux vivans. Je ne doute pas que par ce moyen on ne fît des obſervations très-avantageuſes & des découvertes très - utiles pour la médecine ; car, depuis que nous ſavons que les fluides de nos corps ſe meuvent ſelon les lois d'hydraulique & d'hydroſtatique, la meilleure méthode pour trouver les propriétés de leurs mouvemens, eſt celle d'appliquer nos expériences à ces mêmes lois.

6. La ſtructure & la compoſition du corps des animaux étant ſi curieuſe, qu'il n'y a pas de ſi petite partie qui ne déclare la ſageſſe infinie du

divin Ouvrier qui les a formées, & la santé ou le bon état de cette admirable machine résultant de l'accord de tant de circonstances, l'étude qu'on en fera, de quelque côté qu'on le regarde , nous récompensera amplement de nos peines.

PREMIÈRE EXPÉRIENCE.

Sur une Jument.

AU mois de décembre, je fis coucher à la renverse & attacher en cette posture une jument en vie; elle avoit quatorze pans de hauteur, & étoit âgée d'environ quatorze ans ; elle portoit une fistule au garrot, & n'étoit ni maigre , ni fort robuste. Ayant mis à découvert l'artère crurale, 3 pouces au dessous du pli de l'aine, je la perçai, & y introduisis un tuyau de cuivre recourbé ; & à ce tuyau j'en adaptai un autre de verre, de 9 pieds de longueur & de $\frac{1}{6}$ de pouce de diamètre comme le premier , les joignant & affermissant ensemble par un troisième tube de cuivre qui les embrassoit tous les deux. Avant que de faire l'incision longitudinale à l'artère , pour y insérer le tuyau , je l'avois liée auprès de l'aine : quand tout fut ajusté je la déliai, & le sang commença à s'élever dans le tuyau posé verticalement, jusqu'à la hauteur de 8 pieds 3 pouces au dessus du niveau du ventricule gauche du cœur, qui est plus postérieur que le droit : mais il ne faut pas croire qu'il jaillit tout-à-coup à cette hauteur ; d'abord il fit la moitié du chemin dans une seconde, & ensuite il s'élevoit par degrés inégaux de 8, 6 ;

4, 2, & enfin de 1 pouce : quand il eut atteint fa plus grande hauteur, il y balança, montant & defcendant de 2, 3, 4 pouces ; & quelquefois on le voyoit s'abaiffer de 12 ou de 14 pouces, y balançant de même à chaque pulfation du cœur, comme quand il étoit à fa plus grande hauteur, à laquelle il remonta après 40 ou 50 pulfations (1).

---

(1) J'ai fait cette expérience fur des chiens. J'adaptai fimplement un tube de verre long de 9 pieds, foutenu par un liteau, & recourbé par le bout inférieur : je l'adaptai, dis-je, à l'aorte ou l'artère crurale, auxquelles j'avois fait une petite incifion comme dans la faignée ; & je voyois le fang s'y élever dans la même proportion que M. Hales remarque. Ce tuyau eft précifément le même qu'emploie M. Pitot, de l'académie royale des fciences, pour mefurer la viteffe des eaux & le fillage des vaiffeaux. (*Mém. de l'Acad. 1731.*) Ainfi, l'on en peut faire le même ufage pour découvrir la viteffe du fang ; car, quelle que foit cette viteffe, on peut la regarder comme acquife par la chute du fang d'une certaine hauteur. Si le fang fe meut de bas en haut avec cette viteffe acquife, il montera précifément à la même hauteur d'où on le fuppofe tombé. On fait que les viteffes des liqueurs tombées de différentes hauteurs, font comme les racines de ces hauteurs ; or ces hauteurs font ici les mêmes que celles où le fang s'élève dans le tuyau ; donc les viteffes du fang font en raifon fous-doublée des hauteurs qu'il atteint dans ces tubes verticaux.

On fait encore que tout corps folide ou fluide qui tombe, parcourt dans la première feconde 14 pieds ; & qu'alors il a acquis une viteffe capable de lui faire parcourir 28 pieds, ou le double de cet efpace, avec une viteffe uniforme, & cela dans la 2ᵉ. feconde.

De même, le fang fortant du bas d'un tuyau de 14 pieds de hauteur, auroit une viteffe de 28 pieds par feconde ; ainfi, connoiffant la hauteur à laquelle le fang s'élève, qui eft la même que celle d'où il eft cenfé tomber pour acquérir la viteffe qu'il a, on peut découvrir quelle eft réellement fa viteffe, & cela par la règle précédente.

2. Le pouls du cheval qui eſt en bon état, n'é-
tant ni effrayé ni agité, bat environ 36 fois par
minute, ce qui eſt à peu près la moitié des pulſations du cœur de l'homme en ſanté; & l'artère
de cette jument ainſi vexée, battoit 55, 60, &
même 100 fois par minute (1).

3. Quand j'ôtai le tube de verre, le ſang ne
laiſſa pas de jaillir dans l'air; mais ſon plus haut
jet ne fut que d'environ 2 pieds de haut.

4. Je meſurai le ſang qui s'écouloit par ce
tube de cuivre; & après chaque pinte, qui vaut

Comme la racine quarrée de 14 eſt à 28 :: ainſi la racine
quarrée de la hauteur donnée 9 pieds, eſt à la viteſſe cher-
chée, qui ſeroit 22.4 pieds par ſeconde.

On doit diſtinguer deux ſortes de viteſſe dans le ſang;
l'*actuelle*, qui eſt comme l'eſpace qu'il parcourt dans un
temps donné, en roulant dans ſes vaiſſeaux pleins & réſi-
ſtans; & la *virtuelle*, qui eſt comme l'eſpace qu'il parcourroit
réellement s'il venoit à rouler dans des vaiſſeaux vides, ou
dans l'air : c'eſt cette dernière viteſſe du ſang qu'on peut
déterminer par les hauteurs auxquelles il ſe ſoutient dans
les tubes : l'*actuelle* eſt beaucoup plus petite.

Si l'on ſe ſervoit de tubes égaux au calibre des artères
ouvertes, le ſang y conſerveroit toute ſa viteſſe; mais la
difficulté de les ajuſter aux artères, en a fait choiſir à M.
Hales de beaucoup plus étroits. Ainſi, ceux qui croient
que la viteſſe du ſang y doit être augmentée, parce qu'ils
ſont plus étroits que n'eſt l'artère, ſe trompent grande-
ment, fondés ſur le principe mal-entendu, que les viteſſes
des fluides ſont, dans les divers calibres d'un même tuyau,
en raiſon réciproque de ces calibres.

(1) Le nombre des pulſations du cœur dans les hommes
eſt plus grand à raiſon de la jeuneſſe; car j'ai obſervé que
dans les petits enfans, il battoit 120 fois par minute; à
l'âge de 7 ans environ, 90 fois; à 14, 80; à 30, 70 fois; à
50 & 60 ans, 60 fois; & ainſi de ſuite pour les âges plus
avancés. La même progreſſion s'obſerve dans les animaux
de différens âges.

59 pouces cubes, je remettois le tube de verre pour voir, par la hauteur à laquelle le ſang s'élèveroit, quelles en étoient les forces reſtantes. Je réitérai cette manœuvre juſqu'à ce qu'il ſe fût écoulé 8 pintes ; & alors la force étant fort abattue, j'appliquois le tube après chaque chopine écoulée. Le réſultat de chaque opération eſt couché dans la Table ſuivante, avec les plus grandes hauteurs auxquelles le ſang s'élevoit dans le tube après chaque évacuation. Au reſte, il ne remontoit pas à ces plus grandes hauteurs, ni d'abord après, ni par degrés ; quelquefois il ſe paſſoit une minute ſans qu'il parût monter ; & puis, quand j'y penſois le moins, il s'élevoit pour quelque temps 4,8, 12, & même 16 pouces plus haut ; & peu de temps après il ſe remettoit comme auparavant, en deſcendant tout autant.

Expériences.	Sang écoulé après chaque expérience.		Hauteur du ſang après chaque évacuation.	
	pint.	chopin.	pieds.	pouces
1	0	*0.5 on.	8	3
2	1		7	8
3	2		7	2
4	3		6	$6\frac{1}{2}$
5	4		6	$10\frac{1}{2}$
6	5		6	$\frac{1}{2}$
7	6		5	$5\frac{1}{2}$
8	7		4	8
9	8		3	3
10	8	1	3	$7\frac{1}{2}$
11	9	0	3	10
12	9	1	3	$6\frac{1}{2}$
13	10	0	3	$9\frac{1}{2}$
14	10	1	4	$3\frac{1}{2}$
15	11	0	3	8
16	11	1	3	$10\frac{1}{2}$
17	12	0	3	9
18	12	1	3	$7\frac{1}{2}$
19	13	0	3	2
20	13	1	4	$\frac{1}{2}$
21	14	0	3	9
22	14	1	3	3
23	15	0	3	$4\frac{1}{2}$
24	15	1	3	1
25	16	0	2	4

* Ces cinq onces ſe ſont perdues en préparant les artères.

A la troisième expérience, il se trouve une pinte de sang de perdue, qui n'est pas tenue en compte dans cette Table.

Il y avoit environ une pinte de sang perdue en faisant ces diverses expériences ; de façon qu'en tout, la jument, avant d'expirer après la vingt-cinquième expérience, avoit perdu dix-sept pintes & demi-setier de sang ; & cette quantité entière est égale à 1185.3 pouces cubiques.

5. Nous pouvons remarquer dans cette Table, que la force du sang ne diminuoit pas dans le même rapport que sa quantité ; car, après la huitième expérience, sept pintes de sang étant sorties, la hauteur du sang étoit de 4 pieds 8 pouces ; après quoi, dans les cinq suivantes, il se tint à 3 pieds quelques pouces, à peu de chose près ; mais à la quatorzième expérience, il s'élève encore à 4 pieds 3 pouces $\frac{1}{2}$; & il approche de cette hauteur à la vingtième expérience, bien que l'animal eût perdu 10 pintes & $\frac{1}{2}$ chopine à la quatorzième, & treize pintes à la vingtième expérience.

6. Cette différence des hauteurs & forces du sang, doit être principalement attribuée aux efforts différens de l'animal, lesquels étant plus violens à la quatorzième expérience, le firent monter plus haut que dans les cinq précédentes (1).

---

(1) Les forces des fluides sont comme les produits de leurs masses par les quarres de leur vitesse ; si donc les efforts & les mouvemens de la respiration peuvent augmenter la vitesse du sang, la force de ce fluide pourra rester la même, ou augmenter même, quoique la quantité en diminue. Ainsi, mettant qu'il eût 100 de force, résul-

7. Vers le temps de la vingtième expérience, la jument parut fort agitée & fort foible ; elle respiroit fort vîte ; les violens efforts qu'elle faisoit en contractant ses muscles, sur-tout ceux du bas-ventre, exprimoient avec force le sang dans la veine cave, d'où il étoit porté plus impétueusement au cœur ; & le cœur se contractant plus fortement, le chassoit avec plus de force dans toutes les artères.

8. Par la même raison, les profondes inspirations de l'animal, & la contraction fréquente de ses poumons, exprimoient plus de sang dans le ventricule gauche, & concouroient à hâter la circulation.

9. Cela prouve évidemment que les inspirations profondes, comme dans les bâillemens, augmentent la force du sang, & justifie la Nature qui les excite pour tirer la circulation de son engourdissement, dans ceux qui s'ennuient d'un long repos, qui se réveillent, ou en qui le sang roule avec lenteur (1).

---

tante de 4 de masse par 5 de vitesse, bien qu'il vienne à perdre 2 de masse, s'il acquiert 2 de vitesse, sa force résultante sera encore 98 ; & s'il n'avoit perdu qu'un de masse, & qu'il eût gagné deux degrés de vitesse de plus, la force seroit 147.

(1) La Nature, ou cette puissance mouvante qui anime nos corps, & qui fait des efforts continuels pour conserver nos forces, desquelles la vie dépend, doit augmenter la vitesse du sang dans le même rapport que la racine de sa masse diminue, afin que les forces puissent se soutenir. Or, que la Nature ait le pouvoir d'augmenter les vitesses du sang, c'est ce qui est évident par les observations de M. Hales ; elle a le même empire sur le cœur, que la volonté sur les bras ; & comme nous pouvons imprimer librement

10. De-là on voit aussi que le sang roule plus librement & plus vîte dans les poumons quand

---

à nos bras différens degrés de vitesse, proportionnelle-ment même aux résistances que nous avons à surmonter, nous pouvons aussi en imprimer de même naturellement à nos fluides, proportionnellement aux besoins pressans de la vie ou de la santé. Il faut distinguer deux sortes de force dans les puissances animées, telle qu'est la volonté, la nature; savoir, la force *actuelle*, qui est la quantité de mouvement qu'elle soutient toujours dans la machine, laquelle est plus petite durant le repos & le sommeil, & plus grande durant le travail & la veille; & la force *potentielle* ou *totale*, qui n'est, pour ainsi dire, dépensée que dans les grands besoins, comme dans les grandes passions, les maladies aiguës & l'agonie.

La force *actuelle*, est celle que nous pouvons exercer tous les jours sans foiblesse, lassitude ni maladie; elle est réparée chaque jour par la nourriture, & épargnée durant le repos & le sommeil: on peut regarder le fluide nerveux comme l'organe de ces forces; mais l'*actuelle* n'est qu'une portion de la force *totale*, & qui est comme en réserve: celle-là sert pour nous faire surmonter les résistances qui se présentent sans cesse à la circulation; celle-ci sert à sur-monter les obstacles imprévus.

Les efforts de ces animaux mis en expérience, sont le tableau de ceux que nous faisons dans les maladies aiguës. Dans les unes, bien que la masse des liqueurs diminue, par l'abstinence, les évacuations de toute espèce, la force du pouls augmente réellement; dans les autres, nonobstant les obstructions qui doivent diminuer la force du cœur, elle ne laisse pas d'augmenter aussi: pourquoi? parce que la nature emploie alors une partie des forces *totales* qu'elle tenoit en réserve durant la santé. Ces forces consistent en une plus grande vitesse qu'elle imprime aux fluides; elles s'épuisent enfin, quand la maladie est mortelle, parce que ces forces ne sont pas infinies, ou que les résistances, à force d'augmenter, les réduisent à l'équilibre. On peut par-là expliquer pourquoi, dans l'agonie, la nature fait ses derniers efforts, & tombe ensuite tout-à-coup: durant ces derniers efforts, quelquefois le malade, pour détourner

ils

Ils font dilatés ; c'eſt encore la raiſon pourquoi les animaux qui ſe ſentent foibles reſpirent plus fréquemment, afin de ranimer leurs forces ; car ce qu'ils impriment par-là de viteſſe à leur ſang, compenſe ce qu'il manque de plénitude aux pulſations du cœur : auſſi cette jument, étant près de ſa fin, reſpiroit-elle fort vîte & fort fréquemment.

11. Quand il ſe fut écoulé 14 ou 15 pintes de ſang, & que la force de celui qui reſtoit dans les artères eut été fort diminuée, la jument commença à rendre une ſueur froide & viſqueuſe, telle qu'en rendent bien des agoniſans ; ce qui marque à quel degré de foibleſſe l'animal ſe trouve réduit : d'où nous pouvons voir que ces ſortes de ſueurs ne proviennent pas de l'impulſion du ſang, mais du relâchement général des pores & de tous les vaiſſeaux, leſquels laiſſent couler cette humeur par ſon propre poids, en même temps qu'elle ſe trouve exprimée de la partie rouge du ſang qui ſe coagule & ſe reſſerre ; & c'eſt ce qui arrive encore dans les vives attaques de colique, dans la frayeur, dans leſquels cas la force du ſang artériel eſt fort abattue, & ſon mouvement ralenti.

12. Ayant ouvert le cadavre de la jument, je ne trouvai preſque point de ſang dans l'aorte ; il y en avoit une once environ dans le ventri-

---

ſa vue de la mort prochaine, ſemble vouloir perſuader par ſa contenance aſſurée, qu'il n'a point de mal ; le pouls même redevient plein & fort, de façon que de grands médecins, au rapport de Valeſius, (*Comm. in Epidem. Hipp.* p. 196.) s'y ſont trompés ſouvent, chantant victoire quand le malade étoit près d'expirer.

cule gauche, mais point du tout dans le droit ; la veine cave & la veine porte en étoient également gorgées. Ayant ouvert la veine jugulaire dès qu'elle eut expiré, il en découla en l'exprimant, & peu à peu, deux ou trois onces (1).

---

(1) La plus grande contraction musculaire des artères ne raccourcit leurs fibres que de $\frac{1}{3}$ de leur longueur ou environ ; & par conséquent, leur plus petit calibre après la mort, doit être encore les $\frac{4}{9}$ de leur plus grand calibre durant la vie ; ainsi, il devroit rester les $\frac{4}{9}$ du sang dans les artères après la mort. Cependant elles sont vides : le ventricule gauche s'est trouvé en diastole dans cette jument à l'instant de la mort. Quelle est donc la force qui a chassé le sang des artères dans les veines ? n'y a-t-il pas une force attirante dans les petits vaisseaux, démontrée par M. Hales dans ceux des plantes, & qui ne peut pas faire rétrograder le sang des veines à cause de leurs valvules ? Qu'on ne dise pas que la vitesse imprimée au sang ne s'éteint pas d'abord, même à l'instant de la mort ; ce seroit supposer que le sang peut couler librement des artères dans les veines, comme un pendule continue à se mouvoir dans l'air. Mais si l'on conçoit les veines toujours pleines de sang, & que celui des artères doit en surmonter toute la résistance pour pénétrer dans les veines ; si l'on conçoit que dans l'état de santé, le surplus de la force dont le sang est poussé par le cœur, sur la résistance des vaisseaux, est fort peu considérable, puisqu'il y a un balancement ou équilibre alternatif entre ces deux puissances ; on sera persuadé qu'il faut avoir recours à une nouvelle force qui agisse, quand même les systoles du cœur n'ont plus lieu. Tous les vaisseaux attirent dans les plantes, & attirent avec tant de force, qu'ils peuvent (au moyen de leur sève conduite dans un tuyau recourbé & chargé de mercure) élever le mercure à 38 pouces de hauteur, ce qui revient à 33 pieds 3 pouces d'eau. M. Hales trouve par des expériences exactes, que cette force est cinq fois plus grande que celle du sang dans l'artère crurale d'un cheval.

Après la mort, on trouve communément tout le sang dans les veines ; elles ont donc le leur & celui des artères.

13. Il pouvoit avoir resté 2 pintes & quelque demi-setier de sang dans ces grosses veines; ce qui, joint avec ce qui étoit sorti des artères, fait environ 20 pintes, ce qui vaut autant que 1154 pouces cubiques, ou 44 livres. On peut estimer à peu près que c'est la quantité du sang dans le cheval; celle de toutes les liqueurs ensemble va bien au-delà, mais il n'est pas aisé de la déterminer.

14. On peut voir par cette expérience, que la force du sang diminue par la quantité qu'on en tire; & par-là on peut se régler pour la grandeur des saignées qu'on peut faire aux hommes : car, quelle que soit la quantité réelle du sang dans un sujet, il est certain que, pour déterminer quelle est la quantité de sang qu'on peut tirer par une saignée sans risquer, il faut connoître quel est le rapport de la quantité totale à la quantité partiale qu'on en peut tirer avant que la mort s'en-

---

Si les capacités de ces deux sortes de vaisseaux sont entr'elles comme 4 à 1, il est évident que les veines sont plus dilatées après la mort, qu'elles ne l'étoient durant la vie; leur diamètre, en ces différens états, étant comme 2.23 à 2.00, ou leur calibre comme 5 à 4. Le sang ne s'accumule dans un vaisseau, ou ne dilate davantage ses parois, que parce qu'il y est poussé avec plus de force, ou qu'il trouve à en sortir plus de résistance qu'auparavant. Or, après la mort, ou à l'instant de la mort, n'est-il pas poussé des artères dans les veines avec moins de force que durant la vie? n'y manque-t-il pas l'impulsion du cœur? Donc c'est la résistance que le sang veineux trouve apparemment à dilater le ventricule du cœur, qui le fait accumuler dans les veines. Cette résistance vient de ce qu'il doit tout seul dilater ce ventricule, lequel durant la vie est dilaté par des fibres musculeuses découvertes par M. Hamberger.

suive. Cette jument perdit les $\frac{3}{4}$ de fon fang avant d'expirer, & cela prefque en une fois.

15. Nous pouvons voir encore pourquoi, dans la bonne pratique, on tire à diverfes reprifes, plutôt que tout-à-coup, la quantité de fang qu'on a réfolu de tirer, fur-tout quand on a befoin de vider confidérablement les vaiffeaux : le malade foutient bien mieux plufieurs petites faignées qu'une grande, quand même dans cette feule on tireroit moins de fang que dans toutes les autres prifes enfemble. Car, de même que nous avons vu que dans les intervalles la jument reprenoit des forces, de même, dans l'homme, les contractions des mufcles exprimant les vaiffeaux capillaires dans les troncs défemplis, rendroient la diftribution du fang plus uniforme entre les faignées, & les vaiffeaux ayant le temps de fe relâcher peu à peu, ne s'affaifferoient pas comme ils font après une grande évacuation faite tout-à-coup.

EXPÉRIENCE II.

Sur un Cheval.

1. J'EUS au mois de janvier un cheval hongre, de dix à onze ans, haut d'environ 13 pans, boiteux à caufe d'un cancer près de la fole, plus maigre que la jument ci-deffus, mais auffi plus vif & plus agile. Je l'attachai de même à la renverfe, & introduifis dans l'artère crurale gauche, le même tuyau de verre inféré fur un de cuivre.

2. Le fang s'éleva dans le tube tout-à-coup jufqu'aux $\frac{2}{3}$ de fa plus grande hauteur, qu'il n'atteignit qu'enfuite par degrés, comme dans la jument.

Il balança alors, montant & descendant de 1 pouce à chaque pulsation du cœur; ces oscillations alloient quelquefois à 2 ou 3 pouces. Je laissai couler du sang en ôtant le tube, de temps à autre, comme à la jument, & je remettois tout autant de fois le tube, pour voir à quelle hauteur le sang suivant s'élèveroit. J'ai mis le résultat de chaque opération dans la Table suivante (1).

3. La première fois que j'appliquai le tube à l'artère, je serrai les naseaux au cheval, pour le faire respirer avec plus de difficulté, ce qui fit monter le sang 5 pouces plus haut; mais je ne pus pas pousser l'expérience jusqu'à la suffocation de l'animal, comme j'aurois fait, si en faisant le plongeon il n'eût pas fait sauter le tube de dessus l'artère.

---

(1) Le sang monte d'abord fort haut, savoir, jusqu'à six pieds 5 pouces, à cause de la grande vivacité du cheval, lequel déploie d'abord ses plus grands efforts ; aussi ne lui en voit-on faire que de très-petits dans la suite. Les forces totales de la puissance mouvante étant d'une étendue limitée, plus elles se consument d'entrée, moins il en reste sur la fin. Le serrement des nazeaux avoit fatigué aussi l'animal; car il lui avoit fallu faire de grands efforts pour se tirer de cette peine.

On remarque dans les maladies, que le caractère de l'esprit influe beaucoup sur le corps ; ainsi, selon l'observation de M. Stahl, dans les personnes d'un esprit vif, emporté, pétulant, les mouvemens critiques sont vifs, turbulens, les efforts de la nature sont excessifs & outrés. Dans les personnes, au contraire, dont l'esprit est paisible, réglé, modéré, les efforts de la nature sont plus réguliers & plus modérés. Ceux dont l'esprit pusillanime & léger se trouble dans les affaires domestiques, sont sujets à des délires, tremblemens & pareils dérangemens, dans les moindres maladies, &c.

TABLE.

Opérations.	Quantités de sang écoulées.		Hauteurs du sang après chaque Opér.	
	pintes.	chopines.	pieds.	pouces.
1	0	1	9	8
2	1		9	8
3	2		9	5.5
4	3		8	4
5	4		8	2
6	5		7	8.5
7	6		7	1
8	7		7	6.5
9	8		7	4.5
10	9		6	6.5
11	10		6	7.7
12	11		*a*) 5	11
13	12		*b*) 5	8.5
13	12		4	5.5
14	13		4	4
15	14		*c*) 3	8
16	14	1	*d*) 4	2
16	14	1	3	2
17	15		3	3.5
18	15	1	2	10

a Le plus haut point auquel il s'arrêta quelque temps.

b Le plus bas point auquel il s'arrêta quelque temps.

c Le plus haut point.

d Le plus bas point.

Il ne perdit pas demi-setier de plus, après la dix-huitième opération, avant d'expirer.

4. Nous pouvons obferver que comme ce cheval étoit plus vif que la jument, auffi le fang monta-t-il d'abord 17 pouces plus haut dans le tube, que n'avoit fait celui de la jument. Il rendit trois pintes de fang moins qu'elle n'avoit fait; mais il faut faire attention que la jument avoit 4 pouces de hauteur de plus que le cheval; &, ayant apparemment le même avantage en chaque dimenfion, elle devoit avoir plus de fang, outre

qu'à égal volume les femelles ont plus de sang que les mâles (1).

5. A mesure que la quantité du sang diminuoit, sa force progressive devenoit moindre ; de façon que l'animal étant dans la dernière foiblesse, le sang ne s'élevoit pas à $\frac{1}{4}$ de pouce.

6. Les grandes montées & descentes du sang, comme de 12 ou 15 pouces chaque fois, ne doivent pas être, ce semble, attribuées immédiatement à la force ou à la vitesse plus grande ou moindre des pulsations du cœur, mais plutôt à la plus grande ou moindre quantité de sang qui est fourni par les veines au cœur ; au moins ne voit-on pas alors une inégalité si grande dans les battemens des artères.

7. Le pouls du cheval bat environ 40 fois par

---

(1) On s'attendoit à voir de plus grandes élévations du sang de la part de cet animal, à raison de son sexe & de sa grande vivacité ; mais il faut considérer que, pour imprimer 2 degrés de vitesse au sang, il faut employer 4 fois plus de force, les vitesses imprimées aux fluides étant comme les racines des forces mouvantes ; & de plus, que les frottemens & résistances des liqueurs poussées avec différentes vitesses, croissent comme les quarrés de ces mêmes vitesses : ainsi, il faut réellement consumer beaucoup de force, pour produire des efforts en apparence un peu plus grands. De-là on peut voir combien sont excessives les forces qu'emploie la nature dans les fièvres aiguës un peu opiniâtres.

M. Hales remarque que la quantité de sang doit être plus grande dans les animaux qui sont plus grands ; il y a apparence qu'elle est en raison triplée de leurs côtés homologues, quand les sujets de la comparaison sont des corps semblables, ou que toutes leurs dimensions sont proportionnelles : ainsi, les restes étant égaux, la quantité de sang d'un homme de 6 pieds de hauteur, est à celle d'un homme de 3 pieds, comme 216 à 27, ou 8 à 1.

B iv

minute, quand il n'eſt ni tourmenté ni effrayé ; mais, durant cette opération, il battoit d'abord 65 fois par minute ; & ſur la fin, quand il devint de plus en plus foible, la fréquence des pulſations augmentoit à meſure, juſqu'à battre cent fois & plus par minute : d'où l'on voit que le pouls eſt foible & fréquent, quand il eſt fourni peu de ſang au cœur ; ce qui eſt le cas des fièvres hecti-ques (1).

____

(1) L'auteur remarque que dans les jumens le pouls eſt moins fréquent que dans les chevaux ; on l'obſerve de même dans les perſonnes de différent ſexe. Il faut remar-quer auſſi les effets ſurprenans des paſſions ſur le cœur ; la terreur peut faire augmenter le nombre des pulſations de 25 par minute ; la même quantité de ſang circulant, la force du cœur augmente comme celle du ſang, & celle du ſang comme le quarré de ſa viteſſe, ou du nombre des pulſations du cœur ; & par conſéquent, la force que les paſſions impriment au cœur eſt à ſa force ordinaire, comme le quarré de 13 ou 169, au quarré de 8 ou 64.

Nous voyons deux ſortes de forces bien diſtinctes dans les corps animés, la *vitale* & la *muſculaire*. La force *vitale* eſt meſurée par la quantité de mouvement du pouls & de la reſpiration, c'eſt-à-dire, elle eſt comme le produit de leurs dilatations par le quarré de leur nombre ; & la force *muſculaire* ſe meſure par la viteſſe du jeu des muſcles, & les poids qu'ils élèvent.

Dans la fièvre, on obſerve que la force *vitale* eſt aug-mentée ; car le pouls eſt ou plus plein, ou plus fréquent, & la reſpiration de même ; tandis que la force des muſcles eſt abattue, ou abſolument, ou relativement aux forces vitales. Ces deux forces viennent de la même puiſſance mouvante, qui, ſelon le beſoin, envoie plus de fluide en certains organes, & moins proportionnellement dans les autres. Le cœur & la poitrine ſont les organes dont il importe plus de conſerver la force ; auſſi, dans l'agonie, le peu de force qui reſte y eſt employé : ainſi, le pouls devient plus fréquent, la reſpiration eſt plus accélérée,

8. Les diaftoles du cœur doivent proportionnellement diminuer; car, fi le cœur fe dilatoit
autant quand il reçoit peu de fang que quand il
en reçoit beaucoup, il faudroit que fes ventricules fuffent remplis chaque fois en partie par
une certaine quantité d'air, lequel cauferoit bientôt la mort de l'animal.

EXPÉRIENCE III.

Sur une Jument.

1. Au mois de décembre, j'attachai fur la porte
d'un jardin qui étoit par terre, une jument blanche, qui avoit fait une lourde chute fur le côté
droit, & qui s'étoit trouvée dans ce même endroit, où on l'avoit abandonnée comme inutile
au fervice : elle fut liée dans la même pofture où
on la trouva. Cet animal avoit 14 pans 3 pouces
de hauteur, étoit médiocrement maigre, & avoit
dix ou douze ans.

2. Ayant ouvert la jugulaire gauche, j'y fixai
un tube de verre, long de 4 pieds 2 pouces, dont
le bout recourbé regardoit la tête de l'animal.

comme on le voit dans cette expérience, où le pouls du
cheval battoit plus de 100 fois par minute. Il eft vrai auffi
que la réfiftance du fang diminuée, retarde moins le fang
qui vient après, comme dans le cas des faignées faites aux
perfonnes pléthoriques ; car, à pareille force appliquée,
les viteffes des corps font en raifon réciproque fous-doublée
de leur maffe, abftraction faite des frottemens. Pour ce
qui regarde la théorie des fièvres hectiques . M. Cheyne
(*à nere Theory of Fevers*) le déduit de la même caufe que
M. Hales.

3. En 3 ou 4 secondes de temps, le sang s'y éleva d'un pied, & s'y arrêta 2 ou 3 secondes; 3 ou 4 secondes après, il recommença à s'élever par degrés, & parfois il montoit 9 pouces de plus durant les petits efforts de l'animal; d'autres fois, les efforts étant plus violens, il s'élevoit de 3 pieds, pour s'abaisser ensuite de 5 ou 6 pouces; enfin, un effort plus grand encore étant survenu, le sang monta si haut, qu'il sortit du haut du tube, & sûrement il seroit monté à quelques pouces de plus.

4. L'animal ayant cessé de se démener, le sang s'abaissa de 18 ou 20 pouces; de façon que son retour dans les veines n'étoit pas empêché par les valvules, comme il l'est quelquefois, ainsi que je l'ai observé (1).

5. Le diamètre du tube de cuivre & de celui de verre dont je me servois, étoit de $\frac{1}{7}$ de pouce, & celui de la jugulaire étoit de $\frac{1}{2}$ de pouce.

6. Ensuite, mettant à nu la carotide gauche, j'y introduisis le tuyau de cuivre, de façon que le bout recourbé alloit vers le cœur; & par le moyen d'une trachée-artère d'oie, j'y adaptai le tube de verre, long de 12 pieds 9 pouces. Le dessein que j'avois en faisant tenir les deux tubes à la trachée-artère, étoit d'éviter les inconvéniens qui m'étoient arrivés durant les efforts de l'animal, qui déplaçoient & pouvoient casser autrement mon tube de verre.

---

(1) Le tuyau se trouvant de beaucoup plus étroit que la jugulaire, il paroît que le sang qui s'abaissoit pouvoit trouver un chemin libre vers la veine sous-clavière; à quoi les valvules ne s'opposoient pas, car il n'y en a point dans ces veines.

7. Avant que le tube eût été mis en place, la jument avoit perdu près de 70 pouces cubes de sang : le sang s'y éleva de la même façon qu'aux Expériences I & II, & s'arrêta à la hauteur de 9 pieds 6 pouces : alors je tirai, de temps à autre, le tube ; &, laissant sortir chaque fois 60 pouces cubes de sang, je le remettois pour reconnoître la hauteur à laquelle il s'élevoit après chaque évacuation. Je répétai ces opérations jusqu'à ce que l'animal mourût ; en voici le résultat.

Différens essais.	Pouces cubiques de sang, qui sont sortis.	La hauteur perpendiculaire après chaque évacuation.	
		pieds.	pouces.
1	70	9	6
2	130	7	10
3	190	7	6
4	250	7	3
5	310	6	5
6	370	4	9
7	430	3	9
8	490	3	4
9	550	2	$9\frac{1}{2}$
10	610	3	$2\frac{1}{2}$
11 (a	670	*4 — 2	5
12 (b	730	3	$6\frac{1}{2}$
13	790	3	5
14	820	2	0
15 (c	833	2	5

a Un profond soupir élève le sang.

b L'animal est très-foible.

c Il meurt après avoir rendu une sueur froide.

8. Nous pouvons observer que ces trois chevaux sont morts, quand la hauteur perpendiculaire du sang dans le tube étoit d'environ deux pouces.

9. Ces 833 pouces cubiques de fang pèfent 28.89 livres, & font égaux à 14 pintes. Les groffes veines fe trouvèrent pleines de fang dans cette jument ; il s'en trouva auffi un peu dans l'aorte defcendante, & dans les ventricules & les oreillettes du cœur.

10. Pour découvrir quelle étoit la force que le cœur de cette jument employoit à pouffer le fang, quand il s'élevoit à 9 pieds 6 pouces de hauteur, j'injectai le ventricule gauche de la façon fuivante.

11. J'adaptai le canon d'un fufil au fac de la veine pulmonaire, vis-à-vis l'orifice veineux du ventricule gauche, ayant lié auparavant l'aorte un peu haut ; & alors, par le moyen d'un entonnoir, je fis couler de la cire fondue jufqu'à remplir la moitié de l'entonnoir : la colonne de cire ayant 4 pieds de hauteur verticale, ne pouvoit cependant pas remplir le ventricule gauche ni l'oreillette, fi je n'euffe eu la précaution d'introduire une fonde de cuivre, par la carotide, dans le cœur, afin de donner iffue à l'air qui s'y trouvoit rencoigné ; je fis retirer à mefure la fonde & lier ce vaiffeau, crainte que la cire ne s'échappât par-là.

12. Je choifis cette méthode d'injecter d'une hauteur donnée, à celle des injections ordinaires qu'on fait avec une feringue, tant pour m'affurer de la force précife avec laquelle l'injection fe fait & dilate le cœur, que pour preffer uniformément la cire, jufqu'à ce qu'elle fe foit bien affermie ou durcie ; avec une feringue, on ne fait pas au jufte quelle force on emploie.

13. Ayant ouvert enfuite le cœur, je trouvai que l'épaiffeur des parois du ventricule gauche

étoient de 1 pouce & $\frac{1}{2}$, & que la moindre épaiſſeur du droit étoit de $\frac{1}{2}$ pouce.

14. Après cela, tirant le noyau de cire moulé dans
le ventricule gauche, dont les valvules mitrales
étoient abaiſſées, je le meſurai préciſément au
deſſous de l'orifice veineux, & dans l'orifice artériel, au deſſous préciſément des trois valvules
ſemi-lunaires que la ſonde avoit abattues.

15. Ce noyau formoit proprement la cavité de
ce ventricule, telle qu'elle eſt un inſtant avant ſa
contraction, quand les valvules mitrales s'enfoncent & que les ſemi-lunaires deviennent conniventes; car, dès que la contraction arrive, les
mitrales ferment l'orifice veineux, & les ſemi-lunaires ouvrent l'artériel pour laiſſer paſſer le ſang
dans l'aorte.

16. De ſorte donc que ce morceau de cire ainſi
moulé, peut raiſonnablement être pris pour la
vraie quantité du ſang qui eſt reçu par le cœur
à chaque diaſtole, & qui eſt renvoyé dans l'aorte
à chaque ſyſtole.

17. Ayant donc préparé un vaiſſeau à goulot
étroit & plein d'eau, j'y plongeai dedans ce
noyau de cire; &, verſant ſoigneuſement l'eau
qui fut déplacée, dans un autre vaiſſeau bien
gradué en pouces cubiques, je trouvai que le volume de cette cire étoit de 10 pouces cubes.

18. J'ai meſuré auſſi la ſurface intérieure de ce
ventricule, & cela, en la couvrant patiemment
dans ſes inégalités de petites pièces de papier due-
ment ajuſtées; & enſuite j'appliquai toutes ces
pièces ſur un grand carton diviſé en pouces quarrés, & chaque pouce en lignes: avec une épingle,
je traçois deſſus tout le tour de chaque pièce, ce
qui me donnoit des portions de ligne quarrée,

qui, toutes ajoutées enfemble, devoient faire affez exactement la furface intérieure du ventricule ; & par-là je trouvai qu'elle étoit de 26 pouces quarrés, en déduifant 1 pouce pour la coupe de l'orifice de l'aorte, de laquelle je pris le diamètre fur le cylindre de cire.

19. Le diamètre de l'aorte, précifément avant qu'elle donne les coronaires, étoit de 1.15 pouces.

D'où il s'enfuit que fa coupe tranfverfe égale 1.036 pouces quarrés.

Le diamètre de l'aorte defcendante étoit de 0.93 pouces, fa coupe 0.677.

Le diamètre de l'aorte afcendante étoit de 0.74, fa coupe 0.369 (1).

20. La furface intérieure des parois du ventricule gauche s'étant trouvée de 26 pouces quarrés, la preffion totale du fang contre cette furface, dans l'inftant qu'il va fe contracter & qu'il balance le fang artériel, doit être comme le poids du folide de fang fait de cette furface, multipliée par la hauteur perpendiculaire du fang dans le tube de verre, favoir, 26 multiplié par 114 pouces, ce qui eft égal à 2964 pouces cubes de fang.

21. Un pouce cube de fang pèfe 267.7 grains, qui étant multiplié par 2964, nombre des pouces cubes, donne 792662.8 grains, lefquels divifés par 7008, nombre des grains d'une livre, don-

---

(1) L'aire du cercle étant au quarré de fon diamètre comme 785 à 1000, je trouve qu'en fuppofant les diamètres du tronc & des rameaux de l'aorte tels que M. Hales les dit, leurs aires font pour le tronc 1.038, pour l'afcendante 0.429, & pour la defcendante 0.671 ; ainfi l'aire du tronc eft aux deux autres, comme 1.038 à 1.100.

nent 113.22 livres. Donc 113 livres égalent la preſſion du ſang, laquelle eſt ſoutenue par le ventricule gauche du cœur, dans l'inſtant qui précède ſa contraction.

22. Le ſcrupule vaut en Angleterre 18.25 grains, l'once 438 grains, la livre 7008 grains (1).

---

(1) Il y a trois ſcrupules à la dragme, huit dragmes à l'once, ſeize onces à la livre, cent livres au quintal.

En *France*, le ſcrupule = 24 grains d'orge; en *Angleterre*, 18.25 grains.

En *France*, la dragme = 72 grains; en *Angleterre*, 54.75 grains.

En *France*, l'once = 576 grains; en *Angleterre*, 438 grains.

En *France*, la livre = 9216 grains; en *Angleterre*, 7008 grains.

En France, la longueur du pendule ſimple à ſecondes, eſt de 3 pieds 8 lignes $1\frac{2}{5}$ de ligne: en Angleterre, de 3 pieds 3 pouces $\frac{1}{5}$ de pouce. Le pied de France eſt au pied d'Angleterre, comme 144 à 134. Le pied quarré de France eſt au pied quarré d'Angleterre, comme 51 à 44, plus grand de 2780 lignes quarrées. Le pied cube de France eſt au pied cube d'Angleterre, comme 373 à 300, plus grand de 579880 lignes cubiques.

Le pied cube d'eau en France vaut 70 livres, & en Angleterre il ne vaudra que 62 livres 7.

Les pieds linéaires de France & d'Angleterre ſont de 12 pouces.

Les pieds quarrés de 144, le cubique de 1728 pouces. Le pouce linéaire = 12 lignes, le quarré 144, le cube 1728 lignes cubes.

Le pouce cube d'eau eſt en France de 373 grains; il doit être en Angleterre de 265 : M. Hales le met de 254. Le poids ſpécifique du ſang eſt à celui de l'eau, comme 25 à 24 ; ainſi, le pouce cube d'eau étant, ſelon M. Hales, de 254, celui du ſang ſera d'environ 268. Cette différence de valeur du pouce cube entre M. Hales & nous, vient de ce que le pied cube d'eau de France eſt eſtimé une ou deux livres de plus par les uns, & de moins par les autres.

23. La section longitudinale de ce ventricule, à prendre de la base à la pointe de l'aire intérieure, étant de 6.83 pouces quarrés, si on la multiplie par 114 pouces, hauteur du sang dans le tube, on aura 778.63 pouces cubes de sang, pesant 29.7 livres : force avec laquelle résistent au sang les fibres musculeuses de cette section.

24. On peut trouver de la façon suivante, la vitesse avec laquelle le sang est poussé dans l'aorte.

La masse qui sort du ventricule du cœur à chaque pulsation, étant de 10 pouces cubes, & la section transverse de l'aorte qui le reçoit, étant de 1.036 pouces quarrés, si l'on divise cette masse de sang par cette section, l'on aura pour le quotient 9.64 pouces, longueur du cylindre que forme ce sang en sortant du cœur dans l'aorte à chaque systole du cœur. Or, le cœur des chevaux bat 36 fois par minute, ce qui est 2160 fois par heure : ainsi la colonne de sang, qui dans l'espace d'une heure entre dans l'aorte, aura 20822.5 pouces, ou 1735 pieds de longueur.

25. Mais si l'on estime, après le docteur Keill, que la systole se fait dans $\frac{1}{3}$ du temps qui s'écoule d'une pulsation à l'autre, le temps durant lequel

---

En France, la pinte est estimée 48 pouces cubes, la chopine 24, & le demi-setier 12.

Ainsi la pinte vaut 1.72 livres, la chopine 0.861.

En Angleterre, la quarte vaut 59.5 pouces cubiques d'eau ; la pinte Angloise est la moitié de la *quarte* = 28.75 pouces cubes. Leur *quarte* vaut 2.063 de leurs livres, & leur *pinte* 1 livre 0.31. Leur *quarte* est à notre *pinte* comme 49.8 à 48, plus forte d'un pouce & 8 décimales. Leur *pinte* répond de même à notre *chopine* ; & leur *gallon* vaut 4 de nos *pintes*, & 100 pouces cubes d'Angleterre.

cette

cette longueur eſt parcourue par le ſang, ſe trouve plus court de $\frac{2}{3}$; & les viteſſes étant réciproques aux temps employés, puiſque ce temps eſt trois fois plus court, la viteſſe du ſang ſera trois fois plus grande, ſavoir de 5205 pieds par heure, ou 0.98 milles d'Angleterre, & par minute 86.7 pieds (1).

26. Le ſang n'a cette viteſſe qu'en entrant du cœur dans l'aorte, au moment de la ſyſtole même du cœur ; en conſéquence de cette impulſion, le ſang fait effort contre les parois des artères, & les dilate à meſure que le cœur ſe reſſerre ; ces parois dilatées ſe remettent, & pouſſent le ſang plus avant. C'eſt par cet artifice curieux, que le ſang eſt conduit dans les plus petits vaiſſeaux, continuellement, de la même façon que les ſoufflets perpétuels ſoufflent ſans ceſſe, nonobſtant l'alternative de leur ſyſtole &

---

(1) M. Keill ſuppoſe gratuitement que la diaſtole des artères ſe fait en un tiers du temps de toute l'oſcillation, ou deux fois plus vîte que leur ſyſtole ; & cela apparemment ſur ce que le coup des artères contre nos doigts paroît finir plus tôt que dans la moitié de tout le temps ou intervalle des pulſations. Mais cette obſervation eſt trompeuſe ; il faut obſerver les oſcillations du cœur d'une tortue ou autre animal à découvert, & l'on pourra alors décider la queſtion. Durant la ſanté ou l'état permanent, l'eſpace dont les artères ſe dilatent eſt parfaitement égal à celui dont elles ſe reſſerrent, & partant la quantité de ſang qu'elles reçoivent dans leur diaſtole eſt préciſément égale à celle qu'elles renvoient dans leur ſyſtole. Mais la viteſſe de leur ſyſtole eſt la même que celle de la diſtole du cœur. On n'a donc qu'à voir ſur un animal vivant, ſi la diaſtole du cœur n'eſt pas auſſi prompte que celle des artères ; ſi elle l'eſt, la viteſſe du ſang ſera trois fois plus petite que ne l'aſſignent M. Keill & M. Hales.

diaſtole : c'eſt encore ainſi que certaines **pompes** font un jet continu, nonobſtant l'allée & la venue du piſton, & cela au moyen d'un grand globe dans lequel l'air ſe dilate & ſe reſſerre alternativement.

27. Et puiſque le ſang des plus petites artères preſſe dans les veines avec une viteſſe beaucoup plus uniforme que dans les grandes artères; & que la ſyſtole n'emploie qu'un tiers de tout le temps d'un battement à l'autre, les autres deux tiers devant s'employer à la dilatation du cœur, ou au reſſerrement des artères; on peut raiſonnablement conclure que la ſomme des dilatations de toutes les artères eſt égale aux deux tiers du ſang que le cœur y a pouſſé à chaque ſyſtole, le troiſième tiers paſſant tout de ſuite dans les veines. Ainſi, diviſant le temps d'une pulſation à l'autre en trois parties; durant la première, les artères ſe dilatant, il paſſe 3.33 pouces cubes de ſang dans les veines; & dans les deux autres tiers du temps, où les artères ſe reſſerrent, il en paſſe 6.66 pouces cubes.

28. Le ventricule gauche pouſſant à chaque battement 10 pouces cubes de ſang, il en pouſſe 36 fois plus par minute, ou 360 pouces, & par heure 825 livres de ſang; ce qui approche fort du poids entier du cheval.

29. La coupe tranſverſe de l'aorte au ſortir du cœur, s'eſt trouvée de 1.036 pouces; & les ſections de ſes premières diviſions, ſavoir, de l'aorte deſcendante égale à 0.677, & de l'aſcendante égale à 0.369, ſe trouvant enſemble plus grandes que celle de leur tronc, il ſuit que la vélocité du ſang dans ces ramifications eſt d'autant moindre ſur celle du tronc, que la ſomme des

sections est plus grande, ou elle est comme 1.036
à 1.046, & moindre encore à cause des artères
coronaires, dans lesquelles le sang se jette avant
d'arriver à ces ramifications. Cette vitesse diminue plus dans l'aorte descendante que dans l'ascendante, cette artère renvoyant des ramifications qui sont d'autant plus amples sur celles de
l'ascendante, que les parties situées au dessous du
cœur ont plus de volume que celles du dessus.

EXPÉRIENCE IV.

Sur le Bœuf.

1. J'ai injecté de même avec de la cire, l'oreillette & le ventricule gauche du cœur d'un bœuf.
Cet animal pouvoit peser environ 1600 livres.
La capacité de ce ventricule fut de 12.5 pouces
cubes; l'aire de la section transverse de l'aorte, de
1.539 pouces quarrés; celle de l'aorte descendante
0.912, & celle de l'ascendante 0.85.

2. Le pouls d'une vache fort saine, qui n'é-
toit ni agitée ni effrayée, se trouva battre environ
38 fois par minute, comme celui du cheval.

3. Divisant 12.5, capacité du ventricule, par
1.539, orifice de l'aorte, on aura 8.1 pouces de
longueur qu'a le cylindre formé par le sang qui en
sort à chaque systole.

4. Et comme il y a 38 systoles pareilles par
minute, ce qui en fait 2280 par heure, la colonne de sang qui en sort à chaque heure, sera de
18468 pouces, ou de 1739 pieds.

5. Mais la systole du cœur se faisant dans un
tiers de tout l'intervalle des pulsations, la vélo-

cité du sang sera trois fois plus grande, ou de 76.95 pieds par minute, & par heure 0.874 d'un mille.

6. Ce seul ventricule lançant à chaque minute 38 fois 12.5 pouces cubes de sang, ce qui fait 18.14 livres, en lancera, dans l'espace d'une heure & 28 minutes, 1600 livres, quantité qui pèse autant que le bœuf. Mais comme cet animal étoit gras, une quantité de sang pur égale à son poids, devoit rester plus de temps à traverser le cœur, qu'elle n'en fait dans le cheval dont le sang est moins chargé de graisse (Expér. III, n°. 28); car la graisse des animaux contient très-peu ou point de sang, d'où vient que, les restes étant égaux, les gras ont moins de sang que les maigres.

EXPÉRIENCE V.

Sur le Mouton.

1. J'AI calculé aussi la force du sang dans un mouton gras & châtré, en adaptant des tubes à la jugulaire & à la carotide, de la même façon que dans l'Expérience III. Cet animal avoit trois ans, & pesoit 91 livres étant en vie.

2. Le pouls battoit 65 fois par minute.

3. Le sang s'éleva dans le tube fixé à la jugulaire, jusqu'à $5\frac{1}{2}$, & dans les grands efforts, 9 pouces.

4. Dans le tube fixé à la carotide, il s'éleva 6 pieds 5 pouces $\frac{1}{2}$.

5. La capacité du ventricule gauche du cœur étoit de 1.85 pouces cubes.

6. Sa surface interne étoit de 12.35 pouc. quarr.

7. Sa plus grande coupe transverse 2.54.

8. La section transverse de l'aorte, = 0.172 pouces; celle de la descendante, =0.094; celle de la carotide droite, = 0.07; celle de la gauche, = 0.012, toutes deux prises au sortir de l'aorte.

9. La surface interne du ventricule gauche étant de 12 pouces, si on la multiplie par 6 pieds 5 $\frac{1}{2}$ pouces, l'on aura 930 pouces cubes = 35.62 liv. de sang: c'est le poids que soutient ce ventricule, un peu avant sa contraction.

10. Sa plus grande section transverse étant de 2.54 pouces, si on la multiplie par cette même hauteur 6 pieds 5 $\frac{1}{2}$ pouces, le produit 393.7 pouces cubes de sang = 15.03 livres, sera le poids que doivent soutenir les fibres musculeuses de cette section.

11. La capacité de ce même ventricule étant = 1.85 pouces cubes, si on la divise par 0.172 aire de la coupe de l'aorte, le quotient 10.75 marque la longueur du cylindre de sang formé à chaque systole du cœur.

12. Et le pouls du mouton battant 65 fois par minute, ce qui est 3900 fois par heure, il passe dans l'aorte à chaque heure une colonne de sang de 41875 pouces, ou 3489.5 pieds.

13. Mais la systole du cœur durant laquelle cette colonne est poussée hors de ses ventricules, se faisant, comme on croit, dans un tiers de l'intervalle des pulsations, la vélocité du sang durant chaque systole sera trois fois plus grande, savoir, de 1.98 milles par heure, ou de 174.4 pieds par minute.

14. Et comme il sort 1.85 pouces cubes de sang du cœur à chaque battement, qui font 4.593 liv.

par minute, il en fortira une quantité égale au poids du mouton en 20 minutes.

EXPÉRIENCE VI.

Sur un Daim.

1. AYANT fixé un tube à l'artère crurale gauche d'un daim, le fang s'y éleva 4 pieds 2 pouces.

2. J'injectai les ventricules & les oreillettes du cœur d'un autre daim, & je trouvai la capacité du ventricule gauche de 9 pouces cubes; & le ventricule droit ainfi que fon oreillette, avoient la même capacité.

3. On remarque que les animaux timides ont le cœur plus gros que les courageux : les timides font le cerf, l'âne, le lièvre, &c. ce qui s'eft trouvé auffi dans ce daim.

Ne peut-on pas dire que les fibres des animaux craintifs, généralement parlant, font plus relâchées que celles des courageux; & qu'en conféquence, leurs vaiffeaux offrant moins de réfiftance au fang, en reçoivent une plus grande quantité? & pour la fournir, cette quantité, il faut que le cœur foit proportionnellement plus grand. N'eft-ce pas pour la même raifon que dans les enfans le pouls eft plus fréquent qu'il ne l'eft dans les adultes? leurs vaiffeaux fouples reçoivent beaucoup de fang; mais le cœur étant étroit, n'en fourniroit pas affez pour les remplir, ou pour l'empêcher d'y croupir, s'il ne compenfoit, par la fréquence de fes battemens, ce qu'il lui manque de capacité. Lewenhoeck fait une obfervation curieuſe, qui eſt que les globules du ſang ſont de même diamètre dans les enfans que dans les adultes : il faut donc que les derniers petits vaiſſeaux artériels & veineux ſoient au moins, dans les uns & les autres, d'un calibre propre à les laiſſer paſſer ; ou bien il faut que les impulſions du cœur, plus fréquentes dans les enfans, ſuppléent à ce qui leur manque de force, eu égard à la maſſe & à la denſité du cœur. Ne voit-on pas dans cette merveilleuſe machine du corps des animaux, des marques de la ſageſſe infinie du grand Auteur de l'univers ?

4. La ſection tranſverſe de l'aorte dans ce daim, étoit = 0.476 pouces ; celle de la deſcendante, = 0.383 ; celle de l'aſcendante, = 0.246 ; & celle de l'artère pulmonaire, = 0.502. Mais comme il n'eſt pas facile de calculer le nombre des battemens du cœur dans ces animaux peureux, je n'ai pas pu déterminer la viteſſe de leur ſang, ni la quantité qui traverſe leur cœur dans un temps donné.

EXPÉRIENCE VII.

Sur des Chiens.

1. J'AI fixé de la même façon des tubes à la veine jugulaire & à l'artère carotide de pluſieurs chiens ; car, quelque expérience que je veuille faire ſur eux, je commence ordinairement par fixer le tube à la jugulaire, & enſuite à la caro-tide. Suivant cette méthode, je vide le ſang des vaiſſeaux capillaires, ce qui les prépare pour les expériences que j'ai en vue.

2. La force du fang dans les veines & dans les artères, n'eft pas, à beaucoup près , égale dans tous les animaux, foit de même, foit de différente efpèce ; & cette variété ne fe trouve pas feulement dans ceux qui font d'un poids & d'un volume inégal, mais auffi dans ceux où ces qualités fe trouvent parfaitement femblables; &, qui plus eft, dans le même animal cette force varie, fuivant la différente qualité ou quantité de nourriture, les différens efpaces de temps qu'il y a qu'ils ont mangé, & l'état plus ou moins pléthorique des vaiffeaux: la variété qui fe trouve dans l'exercice, le repos, la langueur ou la vivacité de l'animal, influe auffi beaucoup fur la force du fang. La fanté n'eft point attachée à un degré de force déterminé, & le fage conftructeur de ces admirables machines les a difpofées de façon qu'une petite variété dans la force de leurs fluides, ne peut les déranger affez fenfiblement pour nuire à la fanté. Cette difference prodigieufe entre les forces du fang nous fait juger qu'il faut une grande quantité de bonnes expériences pour trouver un peu au jufte fa force moyenne dans tous les genres d'animaux ; cette recherche nous fournira peut-être quelque obfervation curieufe.

3. On peut voir un exemple de ces grandes inégalités dans la force du fang, en confultant la Table fuivante de la huitième Expérience, dans laquelle j'ai fait marquer les poids de la plupart des animaux qui ont été les fujets de mes obfervations. On y trouve auffi la hauteur à laquelle le fang s'eft élevé dans les tubes fixés aux artères & aux veines.

4. J'ai obfervé dans cette expérience, comme dans les précédentes, que quand le fang paroif-

foit être fixe dans les tubes à une certaine hauteur, un foupir profond de l'animal le faifoit encore monter fubitement ; j'ai auffi remarqué qu'en preffant fortement le ventre du chien, le fang s'élevoit tout d'un coup environ à la hauteur de 6 pouces, & defcendoit enfuite dans la même proportion, lorfque la compreffion ceffoit.

5. On peut objecter contre cette méthode de mefurer les forces du fang, qu'en fixant les tubes dans ces grands vaiffeaux artériels ou veineux , on a arrêté pour un temps le cours d'une quantité confidérable de fang ; & que par conféquent la force de ce fluide doit être porportionnellement augmentée dans toutes les veines & artères , de même que dans celles auxquelles le tube eft fixé. Il faut convenir que cette augmentation fe fait de quelque degré. Dans la brebis, la carotide gauche eft près de $\frac{1}{13}$ de la carotide droite & de l'aorte defcendante prifes enfemble ; & dans le chien (nombre 3), elle en eft environ le $\frac{1}{10}$.

6. Pour obvier à cet inconvénient, j'ai fixé des tubes latéralement aux veines & artères jugulaires d'un chien (nombre 13), de la manière fuivante. J'ai pris deux baguettes cylindriques de $\frac{1}{8}$ pouce en diamètre, & de 1 pouce $\frac{1}{2}$ en longueur ; & les ayant percées d'une extrémité à l'autre, de façon que les trous étoient un peu plus grands que les ouvertures des artères & des veines, je les coupai, fuivant leur longueur, en deux demi-canaux, l'un defquels je perçai au milieu, pour y adapter un tuyau de cuivre, lequel avoit à fon autre extrémité un tube deverre. Ces préparations faites, je découvris la veine & l'artère, que j'eus foin de bien deffécher avec un morceau de drap de laine : je plaçai au deffous d'un de ces

vaiſſeaux un des demi-canaux dont il a été parlé, de manière que ſa cavité enduite de poix récemment fondue à la chaleur d'une baguette de fer rougie, en logeoit une portion : je verſai ſur l'autre partie encore découverte, de la poix qui n'étoit pas fort chaude, & la couvris ſur le champ de l'autre demi-canal percé dans ſon milieu, & les attachai promptement enſemble ; après quoi, conduiſant la pointe du canif juſqu'au vaiſſeau, par le trou pratiqué dans le demi-canal, j'y fis une ouverture à laquelle je fixai tout d'un coup le tuyau de cuivre, & le tube de verre, pour recevoir le ſang dont le jet de la veine jugulaire du treizième chien s'éleva d'abord à 6 pouces, & l'animal faiſant des efforts, à 9 pouces $\frac{1}{2}$. Le jet du ſang de l'artère monta juſqu'à 4 pieds 11 pouces, & ſeroit ſans doute monté plus haut, ſi le ſang ne ſe fût extravaſé entre la poix & l'artère ; ce qui empêcha ſon élévation. On peut prévenir cet accident en prenant quelque précaution ; &, dans ce cas, nous aurons la force réelle du ſang contre les parois des artères, de même que je l'eus contre les parois de la veine jugulaire.

7. Je crois que c'eſt la meilleure méthode pour trouver la force du ſang, ſur-tout dans les petits animaux, où la petiteſſe des vaiſſeaux permet à peine l'inſertion des tubes, leſquels, ſi l'on ſuit cette méthode, doivent avoir auſſi un petit orifice pour laiſſer couler librement le ſang.

8. J'ai marqué dans la Table ſuivante (Expérience VIII, nomb. 12) les différentes hauteurs auxquelles le ſang s'élevoit dans les tubes inſérés dans les veines & artères des animaux, lorſqu'ils étoient couchés ſur le dos parallèlement à l'horizon, ou ſur le côté, comme dans l'expé-

rience faite sur la jument (Expérience III). Mais
quand l'on conçoit que l'animal est sur ses pieds,
alors il faut ajouter à chaque hauteur marquée
dans les tuyaux de verre, une colonne égale à la
hauteur perpendiculaire de l'animal, afin de pouvoir estimer la force avec laquelle le sang presse
les parois des vaisseaux sanguins situés à la partie
la plus inférieure du corps, & ainsi proportionnellement pour les autres parties qui sont plus
élevées; de façon que les colonnes de sang dans
les artères & dans les veines qui communiquent
entr'elles inférieurement, sont, à hauteurs égales,
en équilibre les unes avec les autres, leur mouvement progressif étant déterminé par la force du
cœur; & quoique les valvules qui se rencontrent
dans les vaisseaux, dans lesquels le sang est poussé
vers les parties supérieures avec une force égale,
retardent plutôt son progrès qu'elles ne le hâtent;
cependant, dans les tuyaux où le fluide ne monte
uniquement que par les fréquentes secousses de
toute la machine, son cours est sujet à bien des
agitations; & c'est dans ce cas où les valvules
se trouvent fort utiles pour en empêcher la réper-
cussion & le retour; & c'est dans cette vue que
le sage constructeur du corps des animaux a placé
des valvules dans les veines, pour prévenir cet
inconvénient, & cela principalement dans les
veines des parties inférieures, où elles font le
plus nécessaires, particulièrement dans les grands
mouvemens & les grandes agitations.

EXPÉRIENCE VIII.

Sur un Chien.

1. LE fang de l'artère crurale du chien (nº. 1.) s'étant élevé à 6 pieds 8 pouces, & celui de l'artère carotide gauche (nº. 7) & dans la Table (nº. 12) à la même hauteur, dans cette huitième expérience, j'ai pris cet exemple pour calculer la vitesse du fang dans le chien.

2. La capacité du ventricule gauche du cœur injecté avec de la cire, s'est trouvée égale à 1.172 pouces cubes.

3. Sa surface intérieure égale à 11 pouces quarrés, qui, multipliés par la hauteur perpendiculaire du fang dans le tube de verre fixé à l'artère, favoir, 6 pieds 8 pouces égaux à 80 pouces, produisent 880 pouces cubes de fang, lesquels pressent sur tous les côtés intérieurs de ce ventricule, quand il est contracté autant précisément qu'il doit l'être, pour foutenir & égaler la force du fang dans l'aorte.

4. Ces 880 pouces cubes multipliés par 267.7, nombre des grains de 1 pouce cube de fang, donnent 235576 = 33.61 livres.

5. L'aire de la fection transverse de l'aorte, un peu avant qu'elle ne renvoie les artères coronaires, étant 0.196 pouces cubes, le quotient 5.978 pouces est la longueur du cylindre de fang, qui est formé en passant à travers l'orifice de l'aorte, à chaque systole du ventricule.

6. Et le pouls du chien se trouvant battre où le ventricule gauche du cœur se contracte 97 fois par minute, alors la colonne de fang en sera autant de fois 5.978 pouces plus longue, c'est-à-

dire, de 34745.4 pouces, où 2895.45 pieds de longueur. Mais la fyftole du cœur, durant laquelle cette quantité eft pouffée, étant cenfée fe faire dans un tiers du temps d'une pulfation à l'autre, la viteffe du fang, durant chaque fyftole, en fera trois fois plus grande, favoir, de 8586.35 pieds, ce qui eft à raifon de 1.62 milles par heure, ou de 143.1 pied par minute (1).

____

(1) Je ne faurois être du fentiment de M. Keill fur l'inégalité des temps employés à la fyftole & à la diaftole. M. Keill croit que le temps de la fyftole entière n'eft que la moitié du temps de la diaftole entière du cœur. Ce n'eft que l'obfervation qui l'y a conduit ; tout le monde peut la vérifier : pour moi je ne vois pas que ces temps foient plus courts les uns que les autres. J'avoue qu'à en juger par la pulfation des artères, on peut trouver que le coup qui les dilate eft plus vîte, plus prefte que celui qui les refferre ; mais cela nous paroît ainfi, parce que nos doigts ne fuivent pas l'artère dans fa conftriction, comme ils y font appliqués durant une petite partie de fa dilatation. J'ai donc examiné, fans préjugé, le cœur des chiens & des tortues à nu, & il m'a paru que les fyftoles & diaftoles en étoient affez tautochrones. Si cela eft, ce que chacun peut vérifier, la viteffe du fang, affignée par M. Keill, &, à fon exemple, par Hales, doit être divifée par 3 ; ainfi, dans le cas d'une once de fang pouffée par le ventricule gauche du cœur dans l'aorte, dont on ne fuppofe le calibre que de 0.41 de pouce, on n'aura pour viteffe que 3.96 pouces par battement, ce qui fera 24.7 pieds par minute, ce qui peut être la viteffe du fang dans les jeunes gens, au lieu que la viteffe moyenne dans les adultes eft de 30 pieds ou environ, en fanté. Mais le temps d'une minute eft compofé d'autant de diaftoles que de fyftoles ; & fi dans la diaftole de l'aorte le fang y avance de 3 pouces 96 décimales, il y a apparence qu'il avance bien les deux tiers de cette longueur durant la fyftole fuivante : car, quand on coupe une artère, on voit partir le fang avec deux fortes de jets ; celui qui répond à la diaftole des artères eft à peu près un tiers plus long que celui qui répond à leur fyftole. Il convient donc de confulter

7. Et le ventricule renvoyant 1.172 pouces cubes de sang à chaque systole, ce qui fait 4.34 l. en 97 battemens, qui est le nombre des pulsations par minute ; ainsi, 52 livres, qui sont égales au poids du chien même, passeront à travers le cœur en 11 minutes.

8. Si, suivant l'estimation de M. Keill, le ventricule gauche du cœur de l'homme envoie à chaque battement une once ou 1.659 pouces cubes de sang, & que l'aire de l'orifice de l'aorte soit de 0.4187 pouces, en divisant le premier nombre par celui-ci, l'on aura 3.39, qui expriment la longueur du cylindre de sang, formé en passant à travers l'aorte à chaque systole du ventricule ; & dans 75 pulsations ou une minute, il passera un cylindre de 297 pouces de long, ce qui donne une vitesse de 1493 pieds par heure. Mais la systole du cœur se faisant dans un tiers de ce temps, la vitesse du sang, en cet instant, sera triple, ou dans la raison de 4479 pieds par heure, ou 74.6 pieds par minute.

9. Et si le ventricule chasse 1.172 pouces cubes de sang à chaque pulsation, dans l'espace de 75 pulsations ou d'une minute, il chassera une quantité de sang égale au poids du corps, c'est-à-dire, à 160 livres.

10. Mais si, avec Harvée & Lower, nous supposons que 2 onces de sang, ou 3.318 pouces cubes sortent du ventricule à chaque pulsation ; alors sa vélocité, en entrant dans l'aorte, sera double de

---

encore l'expérience, la raison tirée de l'impulsion du cœur ; qui est nulle durant la systole des artères & du frottement, qui devient alors plus grand, à cause du rétrécissement, semble l'insinuer : suivant cela, au lieu de 24 pieds de vitesse par minute, le sang en auroit 36 pieds ; ce qui paroit plus croyable que ce que M. Keill établit.

la précédente, c'est-à-dire, de 149.2 pieds par minute; & une quantité de sang égale au poids du corps humain, traversera le cœur dans la moitié du temps marqué, ou en 18.15 minutes.

11. Si nous supposons, ce qui est probable, que le sang d'une artère carotide dans l'homme s'élé-veroit dans un tube à la hauteur de 7.5 pieds, & que la surface interne du ventricule gauche de son cœur, soit de 15 pouces quarrés, en les multi-pliant par 7.5 pieds, on aura 1350 pouces cubes de sang, qui pressent contre ce ventricule quand il commence à se contracter, ce qui fait un poids de 51.5 livres (1).

---

(1) M. Hales donne ici le calcul de la force apparente du cœur, ou de celle que la puissance mouvante dépense, non pour contracter le cœur, mais pour balancer la résis-tance du sang. M. A . . . dans sa Physiologie, semble con-fondre la force apparente avec la force totale du cœur; il est vrai que M. Keill, dans son *troisième Essai sur la force que le cœur emploie à pousser le sang*, a donné occasion à ce paralogisme. M. Borelli a mis hors de doute (Prop. 76. part. 2.) que la force mouvante que la nature exerce en mouvant le cœur, est au-dessus d'un poids de 180000 livres; & M. Keill a démontré d'autre part, que la force qu'a la colonne de sang au sortir du ventricule gauche du cœur, n'est que de quelques onces. Cette différence de calculs a scandalisé ceux qui prennent avec plaisir l'oc-casion de décrier l'usage des mathématiques dans la mé-decine; mais ils n'ont pas fait attention que cette diffé-rence n'est que dans les termes, & non dans les choses. M. Borelli estime la force entière du cœur, dont celle que prend M. Keill n'est qu'une partie indéfiniment pe-tite. C'est ainsi que la force entière & réelle du muscle deltoïde égale plus de 100000 livres, tandis que sa force apparente se réduit à soutenir 10 liv. pesant, suspendues à bras tendu au bout de la main, comme je l'ai démon-tré d'après M. Borelli, avec la correction de M. Parent sur les points d'appui des os, & le calcul des frottemens.

Divers Animaux.	Poids de chacun.	Hauteurs du sang des jugulaires.	Hauteurs du sang des carotides.	Capacités des ventricules gauches.	Coupe de l'aorte.	Vitesse du sang dans l'aorte par minutes.
	liv. on.	*pouces.*	*pieds. pou.*	*pouc. cub.*	*pouc. quar.*	*pieds. pou.*
Homme	160		7 ···· 6	1.659	0.4187	74 ··· 6
1 Cheval		durant	8 ···· 3	3.318		149 ··· 2
2ᵉ		l'effort.	9 ···· 8			
3ᵉ	825	12.52	9 ···· 6		1.036	86 ··· 7
Bœuf	1600			12.5	2.539	76 ··· 95
Mouton	91	5.5	6 ···· 5½	1.85	0.172	174 ··· 4
Daim			4 ···· 2	9.2	0.476	
1 Chien.	52	0.6	6 ···· 8	1.172	0.196	143 ··· 1
2ᵉ	24	5.7	2 ···· 8		0.185	130 ··· 9
3ᵉ	18	5	4 ···· 8		0.118	127 ··· 4
4ᵉ	12.8	4	3 ···· 3		0.101	120
5ᵉ		4.6	le tube adapté à l'artère crurale dans ces deux chiens.	1.25	0.210	143
6ᵉ	31				0.196	
7ᵉ	43		6 ···· 8	1.172	0.176	156 ··· 5
8ᵉ			6 ···· 6	les tubes fixés à l'artère crurale.		
9ᵉ		7.14	3 ···· 1			
10ᵉ	15	5.24	1 ···· 6	il étoit fort vieux, & mourut bientôt.		
11ᵉ	37	8½	4 ···· 9			
12ᵉ	36		6 ···· 7			
13ᵉ	24	6.9 ½	4 ···· 11	le tube étoit fixé latéralement à la carotide gauche.		
14ᵉ	37.8		5 ···· 8			
15ᵉ		5.19	en suçant sur le tuyau.			
16ᵉ		5½ 8	en suçant.			
17ᵉ	19	5.14	5 ···· 2			
18ᵉ	35	5	5 ···· 2			
19ᵉ	32	6.9 ½	7 ···· 11			
20ᵉ	23	5.7	4 ···· 10			

Diver Animaux.	Il passe une quantité de sang égale au poids de l'animal.	Combien de sang par minute passe à travers le cœur.	Poids soutenu par l'effort du ventricule gauche.	Nombre des pulsations par minute.	Coupes de l'aorte descendante.	Coupes de l'aorte ascendante.	
	minutes.	*livres.*	*livres.*		*pouc. quar.*	*pouces quarrés.*	
Homme	36.3	4.37	51.5	75			
	18.15	8.74					
3° Cheval	60	13.75	113.22	36	0.677	0.369	
Bœuf	88	18.14		38	0.912	0.85	
						droite.	gauche.
Mouton	20	4.593	35.52	65	0.094	0.07	0.012
					0.373		0.246
1ᵉʳ Chien	11.9	4.34	33.61	97	0.106	0.041	0.034
2ᵉ	6.48	3.7			0.102	0.031	0.009
3ᵉ	7.8	2.3	19.8		0.07	0.022	0.009
4ᵉ	6.2	1.85	11.1		0.061	0.015	0.007
5ᵉ					0.119	0...7	0.031
6ᵉ					0.125	0.062	0.031
7ᵉ	6.56	4.19			0.109	0.053	0.032

12. Par le moyen de cette Table, où sont rangées toutes ces estimations, on les pourra comparer plus aisément.

13. Je ne vois pas, en comparant les poids de ces animaux, & les quantités correspondantes de sang qui passent à travers leurs cœurs dans un temps donné, qu'on puisse en établir aucune règle fixe, des quantités de sang qui les traversent, à leurs volumes.

14. Ces quantités, dans les grands animaux, sont fort disproportionnées aux volumes de leurs corps, en comparaison de ce qu'elles sont dans les animaux plus petits, comme on peut le voir par cette Table.

15. Mais comme, dans les gros animaux, le sang

a une plus grande courfe à faire , & doit par conféquent rencontrer plus de réfiftances ; auffi obfervons-nous dans cette Table , en comparant les hauteurs perpendiculaires du fang dans les tubes fixés aux artères, que la force du fang artériel eft principalement plus grande dans les animaux les plus grands.

16. Et fuppofant les vaiffeaux fanguins de l'homme & du cheval, diftribués également dans toutes leurs parties homologues , ou proportionnés à leurs poids refpectifs ; alors le fang devroit fe mouvoir dans ces animaux avec des viteffes réciproques aux temps durant lefquels, des quantités de fang égales à leurs poids refpectifs paffent à travers leurs cœurs ; par exemple , dans le rapport de 60 à 18.15 minutes.

17. Ainfi, nonobftant que le fang artériel du cheval foit pouffé avec une plus grande force que celui de l'homme, cependant il fe meut plus lentement dans le cheval , à raifon du plus grand nombre de ramifications , & de la longueur des vaiffeaux, plus grande dans les plus grands animaux.

18. Quand j'ai comparé la proportion qui fe trouve entre l'aire de la coupe tranfverfe de l'aorte defcendante, & les chairs ou autres parties qui en reçoivent continuellement du fang, je l'ai trouvée de la façon fuivante : j'ai coupé le corps d'un chien en travers au deffous du cœur ; &, pefant d'abord féparément ces deux parties , & puis les ayant mifes bouillir pour en féparer les os, j'ai fouftrait le poids des os du poids total, pour avoir celui des chairs ; & j'ai trouvé que le poids des chairs de la partie de deffous étoit de 11 livres 11 onces , & celui des chairs de la partie de deffus de 7 livres 2 onces.

19. Maintenant les aires des coupes tranſverſes de ces artères dans cinq de ces animaux, ſe ſont trouvées comme il ſuit.

L'aorte. deſcendante. aſcendante.

20. A la Jument, 1.036····0.677····0.369 } Sur le rapport ci-deſſus trouvé entre les chairs qui ſont au deſſus & celles qui ſont au deſſous du cœur. {
au Bœuf, 1.539····0.912····0.85
au Mouton, 0.172····0.094····0.082
au Daim, 0.476····0.383····0.246
au 1ᵉʳ. Chien, 0.196····0.106····0.075
au ſixième, 0.196··· 0.125····0.093
au ſeptième, 0.179····0.109····0.085

0.412
0.056
0.075
0 234
0.65
0.65
0.65

21. Dans cette Table, nous trouvons que les aires des coupes tranſverſes des aortes deſcendantes & aſcendantes du premier chien, ſont à très-peu près proportionnelles aux poids des parties reſpectives qu'elles arroſent de ſang, & que dans la jument & le daim la différence n'eſt pas grande; mais qu'elle l'eſt un peu plus dans le bœuf & le mouton. Dans ces ſortes d'eſtimations, on ne doit pas s'attendre à des rapports trop exacts.

22. La viteſſe avec laquelle le ſang eſt exprimé du ventricule gauche, étant formée dans le tiers du temps d'une ſyſtole à l'autre, une pareille quantité de ſang ſe mouveroit d'une viteſſe uniforme, mais trois fois plus petite à travers l'orifice de l'aorte, dans l'eſpace entier du temps d'une ſyſtole à l'autre.

23. Puiſque dans l'homme, le cylindre de ſang, qui a pour diamètre celui de l'aorte, & pour longueur celui de 7.92 pouces, eſt pouſſé à chaque battement dans une artère conique & capable de dilatation, ſa vélocité ſeroit beaucoup plus grande s'il paſſoit par une défilé plus étroit; mais les artères renvoyant continuellement des branches in-

nombrables, qui ont la fomme de leurs orifices confidérablement plus grande que celle des orifices principaux ou des troncs; par-là, la vitefle du fang doit y être proportionnellement diminuée; de façon que le docteur Jacques Keill, dans fes *Effais médico-phyfiques, page 46*, a eftimé que la vitefle du fang au fortir du cœur, feroit à fa vitefle dans les plus petites artérioles, comme 5233 à 1, s'il couloit librement & fans embarras à travers ces vaiffeaux capillaires; & puifque fa vitefle à fon paffage du cœur dans l'aorte, eft en raifon de 149.2 pieds par minute, prenant le tiers de cette vitefle, favoir, 49.73 pour fon mouvement uniforme ci-deffus mentionné, il s'enfuivroit du calcul de M. Keill, qu'il n'auroit dans ces petites artères capillaires que 0.0095 parties d'un pied, ou 0.083 d'un pouce de vitefle par minute.

24. Ce feroit-là fa vitefle, fi le fang couloit fans embarras & d'un cours auffi libre dans les artères capillaires les plus fines, qu'il coule dans leurs plus larges ramifications; mais, par les expériences fuivantes, il eft prouvé que le principal obftacle au mouvement du fang artériel, eft dans les artères capillaires.

EXPÉRIENCE IX.

Sur les Artères des Mufcles.

1. J'OUVRIS d'un bout à l'autre avec des cifeaux les boyaux d'un chien, du côté oppofé à l'infertion des artères & veines méfentériques; & ayant inféré un tube de 4.5 pieds de hauteur à l'aorte defcendante, un peu plus bas que le cœur, je ver-

ſai de l'eau modérément chaude, au moyen d'un entonnoir, dans le tube : l'eau en deſcendit dans l'aorte, & y entra avec la même force qu'y entre le ſang pouſſé par le cœur. Cette eau ſortit des orifices d'un nombre prodigieux de vaiſſeaux capillaires que j'avois coupés en fendant les boyaux ; mais, quoiqu'elle y fût pouſſée avec la force qu'a le ſang artériel dans le chien vivant, elle ne ruiſſela ou ne jaillit pas, mais elle ſembloit ſuinter des extrémités des artères, ainſi que fait le ſang qui coule des artérioles d'un muſclé coupé en travers(1).

(1) M. Hales a fait ici des expériences d'une grande importance pour l'avancement de la médecine, de même qu'en firent pour la mécanique M. Amontons & M. Parent, qui trouvèrent combien le frottement retardoit le mouvement des machines ; car le médecin eſt à l'égard du corps animal, ce qu'un mécanicien eſt à l'égard d'une machine : il en doit connoître la force, pour y proportionner les alimens, les médicamens ; pour connoître la ſource des dérangemens qui ſurviennent, & pour y obvier. Si un horloger ignore la force précife de la lame d'acier qui fait aller tout le rouage, s'il ignore la viteſſe relative d'une roue eu égard à l'autre, il ne pourra jamais conſerver ni remettre la montre dans un bon état. Si un fontainier ignore la force d'un courant d'eau, le rapport qu'elle a avec la réſiſtance des tuyaux de conduite, le rapport de la quantité qui doit s'écouler avec les ajutages, les crapaudines, les clapets, il ne pourra rétablir ni les pompes, ni les jets-d'eau, ni aucune autre machine hydraulique dérangée. Le corps animal eſt une machine, tout le monde en convient ; c'eſt une machine hydraulique, la choſe eſt évidente ; & l'on voudra en être le machiniſte, le réparateur, ſans connoître ſa ſtructure, ſes mouvemens, ſes forces mouvantes ! C'eſt ce qui ne ſe peut, à moins qu'une longue expérience n'ait ſuppléé au défaut des principes.

M. Hales va au but pour déterminer le déchet des vi-

2. M'étant pourvu d'une pendule à secondes ,
& versant une quantité connue de cette eau dans

---

tesses du sang dans les vaisseaux ; voici sur quels principes
il se fonde.

1. La vitesse d'un fluide quelconque est à celle de tout
autre, dans la raison composée de la directe sous-doublée
des forces mouvantes , & de la sous-doublée inverse des
forces résistantes.

A égales résistances, un fluide poussé par une hauteur
ou force quelconque quadruple, noncuple, a une vitesse
double , triple.

A égales forces mouvantes, un fluide poussé contre
des résistances quadruples, noncuples, a une vitesse sous-
double, sous-triple.

2. La vitesse d'un fluide se connoit ou se mesure par
les espaces qu'il parcourt, divisés par les temps employés
à les parcourir.

C'est-à-dire, qu'à temps égaux , un fluide a une vitesse
double , triple d'un autre, s'il parcourt un espace double,
triple de l'autre.

Et à espaces parcourus égaux , un fluide a une vitesse
double , triple d'un autre , s'il y emploie un temps sous-
double , sous-triple , &c.

3. Les résistances que les fluides poussés dans des vaisseaux de différent diamètre, de différent orifice, de différent
ressort, & avec différentes vitesses, ou les retardemens qu'ils
essuient , sont en raison composée de la raison directe
des diamètres des canaux, de l'inverse des diamètres des
orifices , de la sous-doublée des roideurs & forces des ressorts, & de la doublée de leurs propres vitesses.

4. C'est-à-dire que si des fluides semblables sont poussés
avec même force à travers des tuyaux de même matière ,
également ouverts par le bout , mais de différent calibre ,
leurs vitesses dans le calibre de double , de triple diamètre , feront deux fois , trois fois moindres ; pourquoi ?
parce que la masse à mouvoir, qui dans des cylindres de
même longueur est comme les bases ou calibres, se trouve
alors quadruple, noncuple : donc, par le premier principe,
la vitesse doit être sous-double , sous-triple.

le tube, je trouvai que 342 pouces cubes d'eau en fortoient en 400 fecondes ou 6.6 minutes.

5. S'il n'y a de la différence que dans les orifices par lefquels le fluide doit fortir, les déchets des viteffes feront réciproquement comme les racines de ces orifices ou comme leurs diamètres, parce que les groffeurs des colonnes de fluide qui traverfent différens orifices, croiffent comme les quarrés des diamètres, tandis que les frottemens des bords ne croiffent que comme les circonférences ou comme les diamètres des orifices. Or, ces déchets pour les fluides d'une vifcofité pareille à celle de l'eau, font les trois dixièmes de la viteffe naturelle ; de façon que fi un fluide eft pouffé par la même force dans l'air, & qu'il puiffe y parcourir 10 pieds par feconde, ce même fluide pouffé à travers un orifice quelconque dans l'air, ne parcourra que 7 pieds, & la dépenfe effective fera à la naturelle comme 7 à 10. Or, ce déchet fera le même, quelque viteffe qu'ait le fluide. Si donc, à viteffe égale, la force du fluide formé en colonne de pareille hauteur, eft comme la bafe dont le diamètre eft la racine, les forces réfiftantes diminuent les viteffes dans le rapport énoncé au principe premier.

6. Si des fluides, tout le refte étant égal, d'une force quadruple, noncuple, frappent des refforts égaux, ils les fléchiront feulement deux fois, trois fois plus, les flèches des refforts égaux étant comme les racines des forces qui fléchiffent ; mais les viteffes des corps fléchiffans font comme celles du reffort fléchi ou comme fes flèches : donc les viteffes font comme les racines des forces fléchiffantes ; & puifque les forces des refforts croiffent comme les forces fléchiffantes, les viteffes croiffent & décroiffent comme les racines des forces du reffort, ou dans leur raifon fous-doublée.

7. Si des fluides font pouffés avec différentes viteffes, tous les reftes étant égaux, les déchets de ces viteffes font comme leurs quarrés. Ainfi, quand il s'en faut d'un pouce qu'un jet-d'eau, qui a un de viteffe, n'atteigne à fa hauteur complette, il s'en faudra de quatre qu'un jet-d'eau qui a deux de viteffe n'atteigne à la fienne. Mais comment

3. Alors, coupant toutes les artères méfentériques tout auprès des boyaux même, & enlevant

---

les déchets peuvent-ils donc être comme les racines des
forces réfiftantes, à moins de dire que la furface totale
de la colonne, pouffée avec une viteffe double, eft quadruple ? Mais les forces des fluides font comme les produits des furfaces par les quarrés des viteffes : or le quarré
de 2 eft 4, qui multiplié par 4 produit 16, tandis que la
furface cylindrique de la colonne qui a 1 de viteffe n'eft
que 1, qui multiplié par le quarré de fa viteffe, ne donne
que 1. Ainfi les forces totales des jets font comme les
quarrés de leurs hauteurs, & les réfiftances de l'air am-
biant croiffent de même, parce que le réaction eft égale
à l'action. Ainfi la réfiftance que l'air offre à un jet d'une
viteffe double, eft 16, & à un jet d'une viteffe comme 1,
eft 1 : or, la racine de 16 eft 4, & celle de 1 eft 1 :
donc les déchets font comme les racines des forces réfiftantes, comme je l'avois avancé.

Qu'on ne trouve pas ma dernière propofition étrange,
favoir, que les forces totales des jets font comme les quarrés de leurs hauteurs ; car il ne s'agit pas ici de la force
feule du jet contre une furface égale à fa coupe tranfverfe, il s'agit encore de fon action contre la furface cylindrique du vaiffeau ou de l'air environnant. Or, cette action eft toujours comme le quarré de la hauteur ; car une
hauteur quadruple, à égales furfaces frappées, donne une
force quadruple, ou comme le quarré de la viteffe qu'elle
imprime ; mais donnant à même temps un jet de hauteur
quadruple & de même bafe, la furface cylindrique devient quadruple, & partant la force totale en eft 16 fois
plus grande ; ce qui paroîtra bien paradoxe.

8. Tous les fluides du corps humain n'ont pas une égale
ténacité ou vifcofité. Le peu d'expériences que j'ai faites
fur cela, m'a fait connoître que la force avec laquelle nos
fluides réfiftent à leur divifion, augmente à mefure qu'ils
fe refroidiffent, & que les poids qui expriment ces forces
de ténacité, font, à chaleur égale, comme les nombres fui-
vans. Un cylindre de fer, dont la bafe avoit quatre lignes, appuyé de fon feul poids fur différens morceaux

les boyaux, je trouvai qu'une pareille quantité
d'eau paſſoit par les ramifications coupées en 140

---

de papier, & y adhérant au moyen de ces diverſes humeurs, étant trempé dans l'eau chaude au degré 25, ſoutint un quarré de papier peſant 1 grain.

La même ſurface humectée de ſalive chaude au même
degré, ſoutint un poids de 8 grains.

Trempée dans l'urine, un poids de 4 grains.

L'eau chaude au degré 10, ſoutint 5 grains.

L'eau chaude au degré 27, ſoutint 6 grains.

L'eau chaude au degré 44, ſoutint 1 grain à peine.

La ſalive chaude au degré même du ſang ou 27ᵉ, ne
ſoutint pas moins de 8 grains.

La bile de la véſicule du fiel, chaude au degré 10, ſoutint 8 grains.

Du ſuif attaché à ce même fer rougi, ſoutint 3 grains.

De la poix refroidie au degré 10, ſoutint 256 grains.

De la poix fondue par le fer chaud, ſoutint 12 grains.

Que la ſalive fût d'un homme à jeûn ou non, je ne
trouvai pas de différence. Quand je me ſervois d'un cylindre de baſe double, triple, je ſoutenois un poids double,
triple : donc la force de ténacité eſt en raiſon compoſée
de l'inverſe de la chaleur du fluide, & de la directe des
ſurfaces adhérentes. Quand je preſſois plus fortement le
cylindre contre le papier, j'enlevois un plus grand poids,
l'attraction croiſſant en effet comme les quarrés des proximités. La viſcoſité des humeurs & du ſang eſt différente parmi les différens animaux ; dans le chien, le ſang
eſt ſi gluant, que l'artère crurale ayant été coupée dans
un chien vivant, à l'aſſemblée de la Société Royale, par
M. Lamorier, l'hémorragie ceſſa dans moins d'une minute :
& ce n'étoit pas par la contraction du vaiſſeau ; car on
avoit eu ſoin d'y introduire dedans un tuyau de cuivre
pour le tenir ouvert : le même animal perdit ſi peu de
ſang, qu'il eſſuya trois fois la même expérience ſans périr.

9. Si des fluides de différente denſité ou gravité ſpécifique, ſont pouſſés avec la même force de piſton, les viteſſes imprimées ſeront en raiſon inverſe ſous-doublée
des denſités ; & voici la preuve que M. Pittot, penſion-

fecondes, ou 2.3 minutes; ce qui eſt en un tiers du temps *employé pour les orifices capillaires de leurs*

---

naire de l'Académie, m'a fait l'honneur de m'en donner. Soient deux réſervoirs, l'un haut comme 14 & plein d'eau, l'autre haut comme 1 & plein de vif-argent, les charges feront égales, puiſque les gravités ſpécifiques y ſont réciproques aux hauteurs: or, la viteſſe du vif-argent au bas du réſervoir, ſera à celle de l'eau, comme la racine de la denſité de l'eau ou de ſa propre hauteur 1, eſt à la racine de la denſité du vif-argent, ou à celle de ſa propre hauteur, ou 3.74; car les viteſſes des fluides quelconques, acquiſes par leur ſeule peſanteur, ne ſont proportionnelles qu'aux racines de leurs hauteurs.

J'ai cherché une démonſtration applicable à la force des piſtons, & voici celle que j'ai trouvée: Soient deux tuyaux égaux & pleins, l'un d'eau & l'autre de vif-argent, & qu'un même poids les preſſe au moyen d'un piſton; je ſuppoſe le tuyau plein de vif-argent, diviſé en 14 colonnes, chacune d'elles pèſera autant que la ſeule colonne d'eau, ou que 14 colonnes d'eau de même volume & à baſe égale; une colonne de mercure d'un pouce de hauteur ſera une maſſe égale ou un poids égal à une colonne d'eau de 14 pouces de hauteur: les effets ſont proportionnels & égaux à leurs cauſes, & les effets des puiſſances mouvantes égales ſont d'égales forces; il faut donc que la colonne d'eau & celle du vif-argent, qui ſortiront à même temps de leurs tubes, aient d'égales forces. Mais on ſait que des colonnes de fluide de même baſe & de différente denſité, ne peuvent avoir des forces égales, à moins que leurs longueurs, qui ſont ici comme les viteſſes, ne ſoient en raiſon inverſe des racines de leurs denſités: donc, &c.

Et en effet, ſi la colonne d'eau a une viteſſe de 3.74, dont le quarré eſt 14, & une denſité égale à 1, ſa force qui eſt le produit du quarré de la viteſſe par la denſité, ſera 14; & ſi la viteſſe du vif-argent eſt 1 dont le quarré eſt 1, & qu'il ait une denſité 14, le produit du quarré de la viteſſe par la denſité, ſera égal au précédent ou à 14: ainſi les puiſſances égales ont produit des effets égaux.

10. Voilà toutes les cauſes du retardement des fluides,

branches qui s'étendent fur les boyaux, & que j'ap-pellerai déformais artérioles capillaires *, pour les diftinguer des* artérioles *fimples.*

---

fi vous en exceptez la roideur des refforts ; car, en fuppo-fant que nos vaiffeaux aient un reffort parfait, ils doivent rendre aux fluides qui les ont fléchis toute la viteffe qu'ils en avoient empruntée, ni plus ni moins : or, comme ce n'eft rien changer à la quantité de mouvement d'un flui-de, que de lui rendre autant qu'on lui a pris, les vaif-feaux du corps humain vivant, font à cet égard comme des vaiffeaux de bronze ou inflexibles, en les fuppofant des refforts parfaits ; & ainfi les règles d'hydraulique, qui font abftraction de la différente flexibilité des tuyaux, s'appliquent avec jufteffe au mouvement de nos liqueurs, quoi qu'en difent les demi-favans qui méprifent tout ce qu'ils ignorent, & fur-tout les mathématiques.

11. Et en effet, quoique le fang dilate nos vaiffeaux fenfiblement, ce que ne font pas les liqueurs pouffées dans des tuyaux de bronze ; néanmoins, comme ces dila-tations dans l'état permanent, foit de fanté, foit de ma-ladie, font fuivies, de feconde en feconde, de contrac-tions ou refferremens femblables, il ne fort ni plus ni moins de fluide par ce vaiffeau flexible, dans un temps qui con-tient un nombre pair de pulfations, qu'il en fortiroit à pareil temps par un vaiffeau de bronze qui auroit pour diamètre, le diamètre moyen entre la fyftole & la diaf-tole ; & pour trouver ce diamètre moyen, foit le diamè-tre de l'aorte en fyftole 9 lignes, en diaftole 11 lignes, (leurs quarrés font 81 & 121) prenez la moitié de leur différence qui eft 20, ajoutez-la au plus petit nombre, vous aurez 101, dont la racine quarrée eft 10.04, qui eft le diamètre cherché.

On fait une autre objection, qui n'eft pas dans la vue d'éclaircir la vérité, mais de l'obfcurcir ou de rebuter ceux qui la cherchent. D'où favez-vous, difent ces demi-fa-vans, que les vaiffeaux d'un homme foient tels que vous les fuppofez ? Vous en avez pris la mefure fur des cada-vres ; mais les diamètres changent, tout fe défigure après la mort. Mais je leur demande à eux, d'où ils favent eux-

4. Alors je coupai les artères crurales, auparavant liées; & emportant auffi les artères méfentériques & les émulgentes près de l'aorte, je trouvai qu'une pareille quantité d'eau paffa à travers les orifices de l'aorte, ainfi ébranchée en 0.308 minutes, ce qui eft $\frac{1}{21.4}$ du temps dans lequel elle s'étoit écoulée par les artérioles-capillaires.

5. Etant paffé par ces artérioles capillaires 342 pouces cubes de fang, ce qui eût pefé 13 livres, fi c'eût été du fang, & cela, en 6.6 minutes, cela

---

mêmes que ces diamètres changent, finon par les mêmes moyens qui nous peuvent faire connoître & mefurer ces changemens; puifque nous avons les mêmes mefures, & plus précifes qu'eux de ces changemens? & cela nous fuffit pour rectifier nos calculs. Les payfans difent aux Aftronomes, d'où favez-vous qu'il y a tant de toifes d'ici à la Lune? Apprenez, leur dit-on, la géométrie & l'optique, & vous le faurez de même; & vous verrez qu'en conféquence de ces mefures, l'obfervation de l'éclipfe tombera dans la minute, avec le calcul fait vingt ans auparavant.

12. Mais revenons à notre fujet. Quoique je n'aie pas fait mention du déchet de viteffe qui répond à la longueur des vaiffeaux, je ne doute pas que cette longueur n'y faffe beaucoup, tant à raifon de la maffe à mouvoir, qui augmente à mefure, qu'à raifon des furfaces & des frottemens, qui augmentent dans le même rapport que ces longueurs; donc le retardement des fluides dans des tuyaux de diverfe longueur, eft dans le rapport compofé de celui des longueurs, & de celui de leurs racines. Si donc le fang perd un pouce de fa viteffe primitive, dans un vaiffeau d'une toife de long, il en perdra 3 dans un vaiffeau long de 2 toifes.

Ayant donné les déchets de viteffe, relatifs aux différentes réfiftances, c'eft des expériences feules que nous pouvons déduire les déchets abfolus. M. Hales ne laiffe rien à defirer fur cela, fi l'on en excepte quelques erreurs de calcul à l'article 13 & à l'article 16; ce qui ne tire pourtant pas à conféquence.

fait autant que 1.939 livres par minute ; & ayant trouvé (felon la Table de l'article 12 , Expérience VIII ,) qu'il étoit paffé 4.34 livres de fang à travers le ventricule gauche du cœur d'un chien en une minute, (*voyez* le premier chien en cette Table), ces 1.939 livres ci-deffus , font donc $\frac{1}{0.44}$ de ce qui paffe à travers ce ventricule en ce même temps.

6. Mais, en pefant toutes les parties charnues & membraneufes d'un autre chien , aux poumons & aux offemens près, n'étant queftion que des parties arrofées du fang de l'aorte vifiblement, j'ai trouvé le poids total 18 livres 11 onces. Or, le boyau coupé pefant 1 livre 2 onces , étoit par conféquent $\frac{1}{1.66}$ partie du total ; de façon que, volume pour volume, il paffoit 30.27 fois plus d'eau par les artères de ces boyaux coupés , qu'il ne paffe de fang par ces mêmes ou femblables artères quand l'animal vit, quoique je n'employaffe qu'une force égale à celle du cœur.

7. Nous pouvons attribuer ce grand paffage de l'eau à diverfes caufes, comme à la fluidité de l'eau, bien plus grande qu'elle ne l'eft dans le fang vifqueux comme il eft ; à ce qu'encore, les vaiffeaux étoient plus relâchés à la mort que durant la vie : car , quoique les vaiffeaux , fe trouvant moins preffés par le fang, fe contractent peu après la mort, ils ne laiffent pas d'être alors fufceptibles d'une plus grande dilatation que durant la vie , à égale force d'injection. Mais on doit principalement attribuer ce grand & prompt écoulement de l'eau , à ce que fes molécules font affez fines pour traverfer les ramifications rectangulaires de ces artérioles-capillaires , qui fe trouvent encore plus fines, & au travers defquelles le fang doit paffer

pour parvenir aux veines correspondantes, & à ce que l'eau n'avoit pas à surmonter la résistance du sang veineux ; lequel s'élevant à six pouces seulement dans le tube attaché à la jugulaire, fait voir qu'il n'a que $\frac{1}{13.33}$ partie de la force du sang artériel, & doit en retarder le mouvement d'autant.

8. Les diamètres moyens des artérioles capillaires coupées, au travers lesquelles l'eau s'écouloit, étoient, l'un dans l'autre, doubles du diamètre d'un cheveu, que M. Jurin a trouvé exactement égal à $\frac{1}{324}$ partie de pouce : ainsi, ces artérioles capillaires, dont le diamètre est $\frac{1}{162}$ de pouce, avançant vers les veines, déploient leurs petites branches alternativement sur l'un & l'autre côté du boyau : nous les appellerons *artérioles convergentes* ou *réticulaires*, lesquelles, s'anastomosant ensemble, forment des réseaux ou aréoles pareilles à celles qui sont formées sur les feuilles des arbres par leurs vaisseaux séveux ; & de ces artères réticulaires, il en part d'autres encore à angles droits, qui, sans s'anastomoser, se divisent comme les doigts de la main, en des *filets* toujours plus menus de rang en rang jusqu'à leur changement en veines.

9. Les premiers rangs de ces *filets* peuvent êtres rendus sensibles, en injectant du vermillon dans les artères, & on les trouve $\frac{1}{2}$ ou $\frac{1}{3}$ moins épais que les artérioles réticulaires d'où ils partent ; & les rangs suivans sont plus menus jusqu'à n'avoir que $\frac{1}{3240}$ de pouce en diamètre ; ce qui est si fin, que les globules de sang ne peuvent y passer que l'un à la suite de l'autre ; un fluide si gluant, que le sang doit essuyer là des résistances bien grandes.

10. Si nous comparons l'orifice du tuyau de cuivre, fixé dans cette expérience à l'aorte descen-

dante, avec la somme des coupes transverses des grosses artères mésentériques, desquelles partent les rameaux qui doivent entrer ensuite sous les tuniques des boyaux ; & si nous les comparons encore avec la somme des coupes des artérioles convergentes que je coupai, l'on trouvera ce qui suit.

11. L'orifice du tuyau de cuivre se trouva 0.057 pouces : prenant le diamètre moyen d'une des artères mésentériques, égal à 0.06 pouces, sa coupe sera 0.0028 ; & comptant 82.8 de ces artères dans la longueur des 11.5 pieds des boyaux coupés, la somme de ces coupes sera 0.231 pouces.

12. Prenant aussi, pour le diamètre d'une de ces artères, leur entrée dans les boyaux de 0.02, sa coupe sera 0.000314 ; & la somme de 724.25 de ces coupes, dans 11.5 pieds en longueur des boyaux, sera 0.227.

13. Et le diamètre moyen des artérioles convergentes, à l'endroit coupé des intestins, étant $\frac{1}{162}$ de pouce, égal à 0.077, sa coupe sera 0.00024 ; & le nombre des artérioles convergentes, sur une longueur de boyau de 11.5 pieds, étant 1695, la somme de leurs coupes sera 0.2288 de pouce.

14. Si, au lieu des artères moyennes, nous prenons le diamètre des plus petites réticulaires, il se trouve $\frac{1}{324}$ ou 0.00308, dont la coupe est 0.0000076. J'ai observé que de chaque côté de ces artérioles réticulaires, il partoit quatre branches à angles droits, dont le diamètre étoit la moitié du diamètre de leurs troncs, savoir, $\frac{1}{648}$ de pouce ou 0.00154, & la coupe 0.00000177 ; laquelle, multipliée par 8, nombre des branches, donne pour somme des coupes 0.0000124, qui surpasse la précédente de $\frac{1}{25}$.

15. Ces artérioles réticulaires préviennent, par leurs anaſtomoſes mutuelles, les obſtructions, & par-là, fourniſſent plus abondamment du ſang aux ſéries ſuivantes des filets rectangulaires ; car, ſi le ſang n'étoit entré dans les artérioles réticulaires que par un bout ſeulement, il auroit perdu plus de ſa viteſſe, ayant à en parcourir la longueur entière, que n'ayant que la moitié de ce chemin à parcourir. Par ces innombrables anaſtomoſes, le ſang eſt bien mieux diviſé & mélangé, comme on peut le voir aux poumons des grenouilles.

16. En comparant les ſommes des coupes tranſverſes de ces diverſes artères méſentériques & des réticulaires, nous pouvons obſerver que celles des artères méſentériques du premier & du ſecond ordre, ſont aſſez égales, ſavoir, 0.231, 0227, 0.41 : cependant, d'égales quantités d'eau ſe ſont trouvées paſſer par les méſentériques, en un tiers du temps qu'elles ont mis à paſſer par les réticulaires des boyaux ; & puiſqu'à dépenſe égale, en temps inégaux, les viteſſes ſont en raiſon réciproque des temps, & que les quantités qui coulent à même temps des orifices égaux, ſont comme leurs viteſſes ; ces quantités ont été dans ces artères comme 981.38 à 342 (1).

---

(1) L'auteur dit vers la fin de cet article, que les quantités des fluides qui paſſent à travers des tubes égaux, ſont réciproquement comme les temps, ce qui eſt faux ; il auroit fallu dire comme les lenteurs : c'eſt ce qui m'a obligé à m'éloigner, en cet endroit, du texte ; & comme ce petit commentaire n'eſt fait qu'en faveur des jeunes médecins amateurs des mécaniques, je ne ferai pas de façon de mettre ici brièvement les règles ſur la meſure des écoulemens ou dépenſes, que j'appellerai D & d ; les viteſſes ſeront appelées V & μ ; les orifices O

17.

17. Et, bien que l'orifice du tuyau de cuivre fixé
à l'aorte (article 1.) ne fût que de 0.057 de

& *o*, les gravités spécifiques G & *g*. On fait que les écoulemens font d'autant plus grands, les reftes étant égaux,
que les orifices le font davantage. Ainfi D *d* : : O *o*. On
fait encore, & il eft évident, que plus la colonne qui
s'écoule a de longueur fur une même bafe, plus elle eft
grande ; mais plus la viteffe d'un fluide eft grande, plus
la colonne de même bafe a de longueur ; donc les écoulemens font encore comme les viteffes D *d* : : V *u*. On peut
ajouter ici, que plus long-temps continue l'écoulement,
les reftes étant égaux, plus il fort de fluide ; donc enfin,
les dépenfes font comme les temps D *d* : : T *t*.

Les volumes des liqueurs dépenfées ne peuvent abfolument varier que par l'augmentation ou diminution d'une
de ces trois conditions, favoir, des orifices, des viteffes
& des temps ; de-là on peut former une règle générale,
que les dépenfes des liqueurs d'égale denfite, ou les volumes de quelques liqueurs que ce foit, écoulés, font en
raifon compofée de ces trois raifons :

$$\text{D} : d : : \text{OVT} : o\,u\,t.$$

D'où l'on peut, par l'art des équations & des combinai-
fons, tirer bon nombre de corollaires.

1°. O : *o* : : D *t u* : *d* T V, c'eft-à-dire, que connoiffant
les produits des dépenfes ou maffes écoulées par les temps
& les viteffes réciproques, on a les orifices.

2°. Si O = *o*, D : *d* : : T V : *t u*, fi les orifices font
égaux, les dépenfes font entr'elles comme les temps multipliés par les viteffes.

3°. Si T = *t*, D : *d* : : O V : *o u*, fi les temps employés
à l'écoulement font les mêmes, les dépenfes font comme
les produits des orifices par les viteffes.

4°. Si V = *u*, D : *d* : : O T : *o t*, fi les viteffes font les
mêmes, les dépenfes font comme les orifices multipliés
par la durée des écoulemens ; que fi l'on connoît les dépenfes, & qu'on veuille en déduire les temps, les orifices
ou les viteffes, on le peut de même.

Car fi les dépenfes font égales, on fait que les orifices
multipliés par les temps, font en raifon réciproque des
viteffes ; ou fi les dépenfes & les temps font égaux, ou

Partie II.   E

pouce, ce qui eft la quatrième partie de la fomme
des orifices des artères ci-deffus ouvertes, il paffa
cependant à travers ce tube de cuivre 1148.9 pouces cubes d'eau, dans l'efpace de 6.6 minutes,
quand j'eus coupé les gros rameaux de l'aorte,
article 4 ; ce qui eft 1.17 fois plus qu'il n'en eût
paffé à même temps au travers des artères méfentériques, & 3.3 fois plus qu'il n'en paffa à travers
les artères réticulaires ou convergentes des boyaux.

18. D'où nous voyons de combien la vélocité
de l'eau eft rabattue, quand elle paffe d'un tronc
d'artère dans fes ramifications de différens ordres,
nonobftant que la fomme des coupes de ces rameaux, furpaffe de beaucoup la coupe de leur
tronc ; & ce ralentiffement doit être encore plus
grand pour le fang, dont la vifcidité & la groffié-
reté font bien plus confidérables que celle de l'eau,
& fur-tout à caufe des divarications rectangulaires
des artérioles, dont le diamètre, d'ailleurs, parvient à n'être que la 1620ᵉ partie d'un pouce, de
façon qu'un feul globule de fang peut y paffer,
& non plufieurs à-la-fois.

19. C'eft à cette réfiftance que les artères capillaires offrent au paffage du fang, qu'on doit attribuer la différence des forces de ce fluide, dont la
force dans les artères eft à celle qu'il a dans les
veines, comme 10 ou 12 à 1.

20. Car, quoique la vélocité du fang, à fon entrée dans l'aorte, dépende du rapport de cet ori-

---

en raifon réciproque les uns des autres, les orifices font
réciproques aux viteffes, ou tous les deux font égaux de
part & d'autre.

Si les dépenfes font en raifon des temps, les orifices
étant les mêmes, les viteffes font égales.

fice à la maſſe qui doit y paſſer à chaque ſyſtole,
& du nombre de ces ſyſtoles en un temps donné;
cependant la force réelle dans les artères dépend
du rapport qu'a la quantité pouſſée hors du cœur,
à celle qui, des artères, peut à même temps paſſer
dans les veines.

21. Mais les réſiſtances que le ſang trouve dans
ce paſſage étroit ſont différentes, eu égard au degré de fluidité ou de viſcoſité qu'il a, & eu égard
au reſſerrement ou au relâchement des vaiſſeaux,
ſelon les Expériences XV, XVI, XVII & XVIII.

22. Et comme l'état du ſang & des vaiſſeaux
varie ſans ceſſe à cauſe du mouvement, du repos,
des alimens, des évacuations, du froid, du chaud,
&c. de façon qu'à peine eſt-il ſemblable à lui-mê-
me deux minutes dans le cours de la vie, le Créateur a ſagement pourvu à ce que ces divers changemens ne fiſſent point de tort à la ſanté de
l'animal.

23. Nous pouvons donner une eſtimation fort
approchée de la force du ſang dans les capillaires,
de la façon ſuivante. Mettons qu'un globule de
ſang ait $\frac{1}{3240}$ de pouce pour diamètre. Lewenhoeck
obſerve qu'ils ſont tous égaux dans les grands
& dans les petits animaux. Les plus petits vaiſſeaux ſont d'un diamètre intérieur aſſez grand
pour laiſſer paſſer ces globules qui nagent de toutes parts dans la lymphe : mettons donc que le
plus petit vaiſſeau ſanguin ait un diamètre double
ou $\frac{1}{1620}$, c'eſt-à-dire, 0.00617 de pouce, ſa périphérie ſera 0.00193, ſon aire 0.000.000297,
qui, étant multipliée par 80 pouces (auxquels le
ſang s'eſt ſoutenu dans le tube appliqué à l'aorte
du premier chien), donne 0.000.0237 parties de
80 pouces cubiques de ſang, égaux à 21416 grains,

ce qui eſt 0.504 parties d'un grain. Mais la réſiſtance du ſang dans les veines du même chien,
s'étant trouvée égalée à 6 pouces de hauteur ou
à $\frac{1}{125}$ partie de 80 pouces, cette $\frac{1}{125}$ partie étant
retranchée de 0.504 d'un grain, le reſte 0.496
d'un grain, eſt la force avec laquelle le ſang eſt
pouſſé dans le vaiſſeau capillaire, par une colonne
de ſang de 80 pouces de hauteur, un peu avant
qu'elle le mette en mouvement. Il faut y ajouter
auſſi la viteſſe qu'a acquiſe le ſang en entrant d'abord
dans ces vaiſſeaux capillaires, laquelle ne peut
être que très-petite, vu les réſiſtances qu'il y rencontre, ſelon l'article 18 : d'où il s'enſuit que
la force du ſang dans les capillaires eſt très-petite ;
& plus les vaiſſeaux ſeront longs, plus le mouvement du ſang y ſera lent.

24. Il eſt à remarquer que les artères parallèles
ne ſont pas, ainſi que dans les boyaux, poumons,
& autres parties membraneuſes du corps, entre-
mêlées avec des veines ſemblables; mais deux différentes ſéries d'artérioles ſortant de leurs troncs,
l'une du deſſus, l'autre du deſſous des muſcles,
elles ſe mêlent mutuellement & alternativement
& par-là, le ſang eſt porté par elles, tantôt en
haut, tantôt en bas ; & de-là il coule à angle
droits dans les veines.

25. On peut conclure avec raiſon, de ce que
nous avons vu, que la force du ſang qui entre dans
les muſcles eſt bien petite, eu égard à ce qu'il faudroit qu'elle fût pour produire le mouvement muſculaire. Ce myſtère de la nature, auſſi admirable
qu'il eſt juſqu'ici inexplicable, eſt apparemment
l'effet de quelque puiſſance énergique, dont la
force eſt réglée par les nerfs ; mais il n'eſt pas aiſé
de déterminer comment, ſavoir, ſi c'eſt par un

fluide qui coule dans ces nerfs, ou si cette puissance agit comme une faculté électrique le long
de leurs surfaces.

26. Que des vibrations électriques puissent se
porter librement & avec énergie le long des fibres
des animaux, & partant des nerfs, c'est de quoi
ne permettent pas de douter les curieuses expériences de l'ingénieux & infatigable M. Etienne
Grew, qui montre (*Philosoph. Transact.* n°.417 &
422) que la vertu électrique d'un tube de verre
frotté, ne se porte pas seulement le long des
cordes de lin à de très-grandes longueurs, mais
encore, qu'en un homme suspendu en l'air horizontalement par des cordes, cette vertu va depuis
le pied jusqu'à la main, de-là au bout d'un bâton
qu'il y tient, & d'une boule suspendue par une
ficelle au bout de ce bâton. Cette même vertu se
porte sur la surface des eaux.

27. On a souvent de même observé qu'en se
grattant en certains endroits du corps, comme au
genou gauche, quand il y a quelque pustule, il
s'élève des picottemens en d'autres parties, comme à l'épaule gauche, ou réciproquement de l'é-
paule au genou, répondant coup par coup aux im-
pressions des ongles sur ces parties éloignées.
On trouve beaucoup d'exemples semblables de
cette sympathie.

28. Il est probable que les esprits animaux ont
de l'élasticité, soit qu'ils agissent dans les nerfs ou
au dehors des fibres : leur grande force & activité
l'indique, mais encore la propriété qu'ils ont,
ainsi que l'air, de perdre leur ressort par les vapeurs soufrées ; ainsi, la fumée du soufre enflam-
mé, tue sur le champ les animaux ; celle des liqueurs qui fermentent, comme du moût, ou tue

fur le champ ceux qui mettent le nez au bondon, ou les rend fous ou paralytiques pour le refte de leurs jours, s'ils ont flairé du moins de cette vapeur que Boerhaave appelle *efprit fauvage*. Là fumée fulfureufe fétide des plumes, chiffons, &c. agit très-fort fur les efprits qui font dans des accès de vibration. On fait encore que l'odeur du caftoréum, de l'affa-fœtida, &c. qui abondent en foufres fubtils, fait de bons effets fur les efprits des hyftériques, comme, au contraire, elle fait de mauvais effets fur les autres.

29. Si, ayant écorché le ventre d'une grenouille vivante, & tirant un peu le mufcle droit fur lequel tombe un bon rayon de lumière, on le regarde avec un bon microfcope, on verra fes fibres, & le fang qui paffe entre deux, dans des vaiffeaux affez étroits pour ne recevoir qu'un globule après l'autre. Si dans ce temps le mufcle fe contracte, on verra la fcène fubitement changée, & les fibres parallèles repréfenter une férie de pinnules rhomboïdales, qui difparoiffent dès que le mufcle ceffe d'agir ; mais il faut être accoutumé à manier des microfcopes pour voir cela ; car, dans la contraction, le foyer change, & tout difparoît. Les petites grenouilles, qui n'ont encore qu'un tiers ou un quart de leur groffeur totale, font propres à cela : on picotte une de leurs pattes pour faire contracter leurs mufcles. Il feroit bien à fouhaiter qu'on répétât ces obfervations.

30. Il y a environ 27 ans, que, lifant les conjectures peu fatisfaifantes des auteurs touchant le mouvement mufculaire, je me mis à faire des expériences fur les animaux vivans, pour découvrir fi le fang, par fon feul mouvement mécanique, avoit une force fuffifante pour dilater les fibres

musculeuses ; & par-là , diminuer leur longueur & produire les grands effets du mouvement musculaire. Ce fut là ce qui m'engagea dans le vaste champ des expériences que j'ai faites. Quel plaisir n'est-ce pas d'étudier ainsi les admirables ouvrages du grand Auteur de la nature , qui nous fournit toujours de nouvelles matières à nos recherches , des plaisirs toujours nouveaux , & des motifs de plus en plus frappans d'admirer & d'adorer sa magnificence & sa sagesse ?

EXPÉRIENCE X.

Sur la vitesse du Sang dans les Poumons.

1. La vitesse du sang dans les différentes parties est fort inégale , à cause de leur éloignement du cœur, des frottemens , &c. Cette inégalité paroît sur-tout aux poumons, qui reçoivent à chaque systole du cœur la même quantité de sang que le reste du corps, & qui , n'étant pourtant eux-mêmes qu'une petite partie du corps , & n'ayant pas tant de petits vaisseaux ni si éloignés du cœur , doivent le recevoir avec une grande vitesse.

2. J'ai séparé le corps d'un épagneul en deux parties près du cœur, après en avoir tiré les poumons ; la partie d'en haut pesa 8 livres 6 onces ; celle d'en bas, 12 livres 11 onces: les boyaux & l'estomac, lavés, pesèrent 1 livre 2 onces.

3. Les os séparés des chairs, par la cuisson, pesèrent 2 livres 4 onces , ce qui , étant ôté de 21 livres 1 once, poids total du chien, il resta 18 livres 13 onces pour le poids des chairs, boyaux, peau, membranes, &c. ; & , ôtant le poids de la

graisse & des poils dans lesquels le sang ne va pas, resta 12 livres de substance dans laquelle le sang circule librement.

4. La trachée-artère, coupée près les poumons, pesa $\frac{1}{307}$ partie de ces 12 livres 6 onces 2 dragm.

5. Tout le sang circule continuellement, quoique avec une vitesse inégale, au travers d'un nombre de parties dont le poids total est douze livres ; mais il n'est point de doute qu'il ne circule avec beaucoup plus de rapidité au travers des poumons, qu'au travers des autres parties du corps.

6. Si, par l'expérience huitième, 4.34 livres de sang passent au travers du cœur dans une minute, une pareille quantité doit aussi passer dans le même temps au travers des poumons, puisqu'ils fournissent le sang à l'oreillette gauche & au ventricule du même côté.

7. La somme des surfaces de toutes les vésicules pulmonaires d'un veau, a été estimée, (*Stat. des Végét. p.* 200.) égale à 40000 pouces quarrés ; d'où l'on peut conclure que la somme des surfaces des vésicules pulmonaires de ce chien (eu égard à son poids), doit être égale 12121 pouces quarrés ; & comme l'on a trouvé par la huitième expérience, que 4.34 livres, ou 113.684 pouces cubiques de sang passoient au travers du ventricule gauche de ce chien, ces pouces cubiques divisés par $\frac{1}{1620}$ partie d'un pouce ou 0.000672, diamètre des petits vaisseaux capillaires, le produit est 169172 pouc. quarrés, ce qui est la quantité du sang qui y passeroit. Ces pouces cubiques divisés par 12121, le nombre des pouces quarrés dans les vésicules des poumons donne 13.95, ce qui est la $\frac{1}{13.95}$ partie du sang employé ; & donnant la moitié d'un de ces pouces pour l'espace qui se trouve entre les

cavités des vaiffeaux fanguins, alors la fomme de toutes les cavités de ces vaiffeaux fera $\frac{1}{27.9}$ partie de toute la maffe écoulée, favoir, 4.34 livres de fang ; & par conféquent, une quantité de ce fluide égale à 27.9 fois la capacité de ces vaiffeaux, doit y couler dans une minute. Nous voyons par ce calcul, & par la petite proportion de la maffe des poumons à toute celle du corps, que la vélocité du fang doit y être confidérablement accélérée.

8. Quand nous examinons dans un grand jour la circulation du fang dans les poumons d'une grenouille, nous voyons les artères fe divifer en ramifications, qui fe déploient en forme d'un joli réfeau fur la furface de chaque véficule; & fur quelques-unes de ces véficules, un peu au de-là de leur fommet, nous voyons le fang paffer dans les petites veines capillaires correfpondantes, qui forment enfuite des troncs plus confidérables ; mais fur la plus grande partie de ces véficules, les extrémités capillaires vont jufqu'à leur pédicule, & là fe terminent à des angles droits & à des veines qui, couchées fous les parois, fe répandent autour de ces véficules, & qui ne paroiffent plus non plus que les artères ; mais quand, en changeant de place, j'ai examiné ces veines, alors j'ai vu auffi les extrémités des artères capillaires verfer à angles droits leurs globules de fang fucceffivement dans les plus grandes veines, conformément à ce que j'ai vu dans les vaiffeaux injectés de l'Expérience XXI, nombre 8.

9. Par ces moyens, le fang a un paffage beaucoup plus libre au travers des poumons, ce qui étoit néceffaire, afin qu'il pût s'y mouvoir avec beaucoup plus de vélocité que dans les autres parties du corps ; au lieu que dans quelques-uns, ou

presque dans tous les muscles, sa vitesse est beaucoup retardée par les angles droits que forment les vaisseaux en y entrant. J'ai observé que dans les endroits où les troncs se ramifient à angles aigus, la vélocité étoit beaucoup plus grande que lorsque les rameaux partent à angles droits ; ce qui montre clairement le grand retardement qu'éprouve le mouvement du sang, lorsqu'il sort par des vaisseaux qui forment des angles droits ; & ce retardement, nécessaire pour prévenir le trop libre passage du sang, doit être fort considérable dans les endroits où il coule successivement à angles droits, comme dans les intestins, la vessie urinaire, la vésicule du fiel, & autres parties du corps ; & c'est pour cette raison, ainsi que pour la longueur des artères, qu'il a fallu plus de force pour pousser le sang au travers de l'aorte & de ses ramifications, qu'au travers des poumons ; c'est pourquoi le ventricule gauche est beaucoup plus robuste, devant pousser le sang avec plus de force que le ventricule droit (1).

---

(1) On trouve dans les *Mémoires de la Société Royale des Sciences*, que M. F.... illustre professeur en médecine, a, long-temps après M. Hales, remarqué la grande vitesse avec laquelle le sang traverse les poumons, & de plus, a cru que les vaisseaux pulmonaires devoient souffrir de très-grandes diastoles & systoles, pour pouvoir contenir ou chasser à chaque battement, sous un volume aussi petit que les poumons, la même quantité de sang que reçoit à même temps tout le reste du corps par l'aorte : voici comment il mesure ces diastoles.

L'artère pulmonaire a le même diamètre que l'aorte, & reçoit à chaque contraction du cœur la même quantité de sang qu'elle ; cependant elle a une cavité totale moindre que n'a l'aorte, dans le rapport du volume des poumons à celui du reste du corps, moins les os & la graisse si l'on

10. En comparant les différentes vélocités du
sang dans les muscles & dans les poumons d'une

---

veut. Mettant ce rapport de 4 à 81, il s'ensuit des principes de géométrie, que le volume des artères pulmonaires
augmentera, à chaque systole du cœur, d'une quantité
exprimée par 81, tandis que celle dont augmentera le
volume de l'aorte sera exprimée par 4.

Comme les vaisseaux du corps humain n'augmentent,
par l'entrée du sang, que selon leur diamètre, l'élévation
diamétrale de l'artère pulmonaire, sera à celle de l'aorte
comme 9 à 2, ou les racines de 81 & 4, & partant $4\frac{1}{2}$
plus grande; de façon que si l'aorte en diastole a deux lignes
de diamètre de plus que dans sa systole, ce qui est vraisemblable, selon M. F...., l'artère pulmonaire en diastole
aura 9 lignes de plus que durant sa systole: or, l'une &
l'autre en systole a environ 9 lignes de diamètre: ainsi,
l'artère pulmonaire acquerroit un diamètre double de celui
qu'on observe après la mort, ou double même de celui
que, durant la vie, on peut observer sur les animaux égor-
gés, ainsi que je l'ai fait à dessein.

On est révolté de cette idée; & l'auteur même de ce
sentiment, voyant l'improbabilité de son opinion, s'est
retranché à dire que ces diastoles énormes n'avoient lieu
que dans les petits rameaux de l'artère pulmonaire, lesquels il choisira à son gré si petits, que l'œil ne pourra pas
les distinguer, ni par conséquent démentir son systême;
mais la raison le suivra où l'œil ne peut atteindre, & le
forcera dans ses derniers retranchemens; & pour ne pas
combattre des erreurs plus au long qu'elles ne méritent,
il suffira d'observer que si la somme des sections transverses de ces petits rameaux peut être la seule à se dilater
pour recevoir le sang, il faudra qu'elle se dilate encore
plus exorbitamment que ne faisoit le tronc: car, mettons
que les petits vaisseaux composent la moitié des poumons,
il faudra alors que le diamètre de chacun d'eux devienne
quadruple de ce qu'il étoit; & de plus, il s'ensuit que le
sang peut passer en même temps par le tronc de la pulmonaire, sans la dilater plus qu'il ne dilate l'aorte, nonobstant la différence de leurs cavités. Ainsi, cette proposition
de géométrie, que les accroissemens des corps de volume

grenouille, j'ai trouvé que le fang s'émouvoit dans les vaiffeaux capillaires cylindriques parallèles, dans les mufcles droits de l'abdomen, en raifon d'une dixième partie de pouce dans neuf fecondes; ce qui eft en raifon d'un pouce dans quatre-vingt-dix fecondes, ou une minute & demie.

11. Mais le fang couloit dans les artères capillaires convergentes des poumons avec beaucoup plus de vélocité, favoir, $\frac{1}{10}$ de pouce, dans le temps de huit battemens d'une montre qui battoit 16000 fois par heure, ce qui eft $\frac{1}{4.795}$ partie d'une feconde; & la montre battant 345.42 dans neuf fecondes, ces 8 battemens font $\frac{1}{43.17}$ partie des neuf fecondes dont j'ai parlé ci-deffus; de forte que la vélocité du fang au travers des poumons d'une grenouille, étoit quarante-trois fois plus grande que dans les mufcles.

12. J'ai remarqué que le mouvement du fang étoit fi libre au travers des poumons, que non-feulement on pouvoit le voir augmenter fenfible-ment à chaque fyftole dans les plus petites artères capillaires, mais auffi dans les veines correfpon-dantes capillaires, quoique l'on ne l'apperçût pas dans les plus gros troncs.

13. Comme il n'y a qu'un ventricule & une oreillette au cœur de la grenouille, le fang eft pouffé par le même ventricule au même inftant dans les poumons & dans tout le corps. Donc, puifque fa vélocité eft, dans des artères d'égal dia-

---

différent, faits par d'égales quantités, font en raifon réci-proque des volumes primitifs, n'a lieu que quand ces quantités ajoutées ne peuvent pas s'échapper à mefure qu'elles arrivent, ainfi qu'elles s'échappent du poumon. *Voyez* les remarques fur l'expérience fuivante.

mètre, quarante fois plus grande dans les poumons que dans les mufcles, quoique la force pouffante foit la même, il eft démontré par-là qu'il doit y avoir un paffage proportionnellement plus libre au travers des poumons; & que par conféquent la chaleur qu'il y acquiert, en frottant contre les parois des vaiffeaux, ne fera pas augmentée en proportion de fa vélocité entière, mais dans quelque proportion moyenne. Car, comme le fang trouve plus de réfiftance en paffant des artères aux veines dans les autres parties du corps; de même, fi fa vélocité étoit égale dans toutes les parties, il acquerroit le plus grand degré de chaleur dans les endroits où il trouveroit la plus grande réfiftance & le plus confidérable frottement, ce qui n'arriveroit pas en ce cas dans les poumons. Mais, comme la vélocité du fang dans les poumons eft beaucoup plus grande qu'ailleurs, il eft hors de doute que c'eft dans leur tiffu qu'il prend fon plus haut degré de chaleur; cela n'empêche pas qu'il n'en acquière dans les autres parties, plus ou moins, fuivant fes différentes viteffes & fes différens frottemens.

14. J'ai obfervé ci-deffus, nombre 8, que quoique, fur quelque véficule pulmonaire, chaque artère capillaire ait une veine correfpondante dans laquelle paffe le fang; cependant j'ai vu que plufieurs des extrémités artérielles capillaires des autres véficules, fe déchargeoient immédiatement dans les parois des plus groffes veines; ce qui eft confirmé par les injections dans l'Expérience XXI, nombre 8, dont nous pouvons conclure que quoique les anatomiftes aient juftement obfervé que le nombre des veines, dans plufieurs parties, eft près du double de celui des artères, cependant cela n'eft point vrai, lorfque nous comparons enfem-

ble le nombre des extrémités capillaires artérielles & veineuses ; car les artérielles, pour plusieurs
raisons ci-dessus mentionnées, doivent excéder de
beaucoup le nombre des veineuses.

15. Je prendrai de-là occasion de supputer,
quoique fort peu exactement, le nombre des extrémités artérielles qui se trouvent dans le corps
humain. Je m'y prends de la manière suivante.
Supposant, comme il est dit dans l'Expérience
VIII, que l'aire de la section transverse de l'aorte
dans un homme, soit 0.4187 pouces, & que la
longueur du cylindre de sang que le ventricule
gauche pousse à chaque systole, soit 3.96 pouces;
l'aire de la section transverse des plus fines extrémités capillaires, ayant été estimée au même
endroit 0.0000298 pouces, puisque les cylindres
égaux sont comme leurs bases & leur hauteur, le
cylindre du sang des artères capillaires égal à celui qui est poussé à chaque systole, sera long de
55639.98 pouces : ce nombre multiplié par dix,
donne la somme des colonnes en $\frac{1}{10}$ de pouce, savoir, 55639.98, chacune desquelles étoit l'espace
que le sang parcouroit dans neuf secondes. Mais
cette longueur devant passer par les extrémités
capillaires des vaisseaux humains dans $\frac{1}{75}$ partie
d'une minute, qui est $\frac{1}{8.88}$ partie de neuf secondes,
(temps auquel le sang se meut de $\frac{1}{10}$ de pouce dans
la grenouille) sans supposer une plus grande vélocité que dans la grenouille ; par conséquent le
nombre des extrémités artérielles dans l'homme,
doit être proportionnellement augmenté. En mul-
tipliant 55639.98 par 8.88, le produit est 494083,
qui sera le nombre prodigieux des extrémités capillaires ; & si, suivant Harvey & Lower, la
quantité de sang poussée à chaque systole est dou-

ble, alors le nombre de ces artères capillaires fera double auſſi, ſavoir, 988166; & ſi la vélocité du ſang dans les poumons eſt 27.9 fois plus grande, comme je l'ai trouvé dans l'Expérience IX, nombre 6, alors le nombre des extrémités artérielles dans cette partie, ſera 3541713.

16. De combien eſt encore plus grand le nombre des ramifications & des circonvolutions des artères & des veines? quel nombre innombrable de vaiſſeaux lymphatiques & de tuyaux ſécrétoires? & tout cela, ajuſté & rangé dans l'ordre le plus exact & la plus belle ſymétrie, pour ſervir à différens deſſeins dans l'économie animale. Que l'artifice de notre machine eſt curieux! qu'il eſt plein de beautés & de merveilles!

EXPÉRIENCE XI.

Sur les Poumons.

1. Sɪ l'on fait attention à la force avec laquelle le ſang eſt pouſſé du ventricule droit du cœur dans l'artère pulmonaire, il paroît impoſſible d'eſſayer de la trouver en fixant un tube à cette artère, de la même façon qu'aux artères crurales & carotides d'un animal vivant, parce que l'animal mourroit preſque infailliblement dans l'opération.

2. L'aire de la ſection tranſverſe de l'artère pulmonaire étant d'une part (avant les premières ramifications) de même dimenſion que l'orifice de l'aorte, la vélocité du ſang dans cet endroit peut être eſtimée la même qu'à l'orifice de l'aorte; mais, quoique les quantités & les vélocités du ſang, en ſortant des deux ventricules, ſoient égales, il ne

s'enfuit pas que leurs forces expulfives foient les mêmes ; car fi le fang, en entrant dans la veine pulmonaire, trouve une moindre réfiftance de la part de la colonne de ce fluide qui le précède, que le fang qui paffe dans l'artère aorte, une moindre force le chaffera auffi du ventricule droit avec une égale vélocité ; & c'eft pourquoi nous obfervons que, comme il ne faut pas tant de force pour pouffer le fang au travers des poumons, qu'il en faut pour le pouffer au travers du refte du corps, le ventricule droit n'a pas, à beaucoup près, la même épaiffeur que le gauche. Les obfervations fuivantes peuvent nous donner quelque jour dans cette matière.

3. J'ai fixé un tuyau à l'artère pulmonaire d'un veau, & par le moyen d'un entonnoir j'y fis couler de l'eau chaude ; enfuite, avec une groffe paire de foufflets attachés à la trachée-artère, je dilatai alternativement les poumons, pour effayer fi, par ce moyen, l'eau pafferoit dans la veine pulmonaire ; mais je fus bientôt fruftré de mon attente, car l'eau paffoit librement dans les artères capillaires au travers des tuniques des véficules dans les véficules mêmes, de façon qu'elle couloit abondamment par la trachée, lorfqu'elle étoit fufpendue & renverfée. D'abord je foupçonnai que la force de l'eau, qui étoit à la hauteur de quatre pieds dans le tube fixé à l'artère, pouvoit avoir brifé quelques petits vaiffeaux fanguins ; mais j'ai toujours obfervé la même chofe dans plufieurs expériences faites fur des poumons encore chauds de brebis, de bœuf & de veau, même quand la hauteur perpendiculaire de l'eau dans le tube étoit au deffus d'un pied ; & fûrement la force avec laquelle le fang eft pouffé du ventricule droit dans les poumons, eft plus confidérable.

4.

4. Je me suis encore assuré, par l'expérience suivante, qu'une si petite force de l'eau ne pouvoit rompre des vaisseaux sanguins. J'ai dissous quatre onces de nitre dans une pinte d'eau chaude, dans laquelle je fis couler du gosier coupé d'un veau une pinte & un quart de chopine de sang, qui se conservoit délayé par l'eau nitrée : ayant alors fixé à l'artère pulmonaire du veau dont j'ai parlé, un tube long de deux pieds, je versai par degrés dans ce tube le sang nitré , en une quantité suffisante pour remplir l'artère & ses ramifications (ce qui fit près d'une pinte), rien ne passant, autant que je pus m'en appercevoir, dans la veine pulmonaire ; les poumons se dilatèrent beaucoup & parurent fort rouges ; mais, nonobstant la hauteur perpendiculaire du sang dans le tube, qui étoit de deux pieds, le sang ne passa point au travers des tuniques des vésicules dans les vésicules ou dans les bronches ; car, lorsque je renversai la trachée-artère , je ne vis couler qu'une écume blanche. Ce qui prouve que, lorsque la hauteur perpendiculaire de l'eau est au dessous d'un pied, comme dans les expériences précédentes, elle ne peut point briser les vaisseaux sanguins , mais qu'elle doit passer au travers des pores, qui sont trop étroits pour donner passage aux globules du sang dissous par le nitre , les pores étant peut-être un peu plus larges dans un animal mort que dans un vivant ; car après la mort toutes les fibres se relâchent. Quand j'eus fait une incision dans la substance des poumons, le sang nitré en sortoit librement.

5. L'on peut encore prouver , par ce qui suit , que les vaisseaux capillaires n'étoient point rompus par la force de l'eau. Je fixai un tube long de

cinq pieds à la veine pulmonaire d'un cochon, j'y versai de l'eau tiède, qui ne coula ni dans l'artère pulmonaire ni dans les bronches; ce qui prouve que cette force n'a pu briser les veines, que quelques anatomistes disent n'avoir point de valvules (1).

(1) En travaillant sur les poumons du mouton, je me suis assuré des valvules de la veine pulmonaire; & l'on n'a qu'à injecter du vif-argent par ces veines, pour se convaincre de l'existence de ces valvules.

Nous avons renvoyé en ce lieu à parler des dilatations prodigieuses que M. F..... attribue aux artères du poumon, & à faire voir la raison pour laquelle le sang de l'artère pulmonaire ne dilate pas ses rameaux proportionnellement au quarré de sa vitesse, ou de la masse qui coule à travers à même temps, comme il sembleroit devoir le faire.

Si l'on pousse à coup de piston un fluide dans des tuyaux également résistans & de même diamètre, la quantité dont ces tuyaux seront dilatés, répondra à l'impression de ce fluide sur leurs parois ou surfaces internes; il semble donc que la vitesse du sang pulmonaire étant de beaucoup, &, suivant M. Hales, environ 40 fois plus grande que celle du sang de l'aorte, sa force & l'impression qu'il fait contre les tuyaux, devroit être plus grande de beaucoup; cependant cela n'est pas, puisque ces vaisseaux pulmonaires ne se dilatent pas davantage; & la raison de cette différence se déduit de deux chefs: le premier, c'est que la force trusive du ventricule droit est de beaucoup moindre que celle du gauche: ainsi, la vitesse excessive du sang pulmonaire ne lui vient pas tant de la force trusive que du défaut de résistance; la vitesse des fluides étant toujours comme l'excès des forces qui poussent sur celles qui résistent, en diminuant beaucoup celles-ci, celles-là & les vitesses qui en dépendent sont respectivement fort augmentées. La seconde raison est, que l'effort du sang se fait selon l'axe du vaisseau, & très-peu selon le diamètre dans les artères pulmonaires, parce que le sang trouve selon l'axe beaucoup plus d'ouvertures, ou plus grandes qu'il n'en trouve

6. Quand je fixai un semblable tube à la trachée de ces mêmes poumons, l'eau que j'y versois pas-

---

dans les rameaux de l'aorte, ainsi que M. Hales l'a fait voir.

Pour m'assurer des règles selon lesquelles les fluides peuvent dilater ou presser leurs conduits, j'ai fait bien des expériences : on en fera aisément l'application au corps humain. Voici en peu de mots le résultat.

Au bas d'un réservoir dont la hauteur est a, j'ai adapté un tuyau cylindrique horizontal dont le calibre étoit n, & qui étoit ouvert par un orifice o, tantôt égal, tantôt plus petit que n; au dos de ce tuyau horizontal, je fixai un tube de verre verticalement posé, s'élevant parallèlement au réservoir & à la même hauteur a.

Quand le réservoir étoit plein, & que je bouchois l'orifice o du tuyau horizontal par où l'eau seulement pouvoit s'échapper, l'eau passoit dans le tube vertical de verre, & s'y soutenoit à la hauteur du réservoir, ou au niveau de l'eau qui y étoit contenue ; & cela arrivoit, à quelque hauteur que l'eau fût dans le réservoir.

Quand ensuite j'ouvrois le tube de façon que l'eau pût s'échapper librement par l'orifice o égal alors à n, l'eau ne se soutenoit plus dans le tuyau de verre & n'y montoit pas du tout; ce qui prouve qu'alors elle ne faisoit plus d'impression contre les parois de ce tube, au lieu qu'auparavant elle y en faisoit une proportionnée ou égale à sa hauteur a dans le réservoir.

A présent, si je bouche la moitié de l'orifice o, l'eau en partie s'échappera par ce demi-orifice, & en partie montera dans le tube de verre; mais à quelle hauteur? c'est jusqu'aux $\frac{4}{5}$ de la hauteur du réservoir ou de celle du tuyau, retranchant ce qui peut lui venir de sa force attractive, si le tuyau est capillaire, & qu'on se serve d'eau pour cela.

La hauteur à laquelle l'eau se soutient dans le tube vertical, est comme le quotient du produit du quarré de l'orifice (n) par la force ou hauteur h; le tout divisé par la somme des quarrés des calibres n & des orifices o, ou bien (p), pression de l'eau contre le tube horizontal égale

$$\frac{nnh}{nn+oo}.$$

foit au travers des bronches, & fortoit par l'orifice de l'artère pulmonaire, mais non pas au deſſus d'un cinquième plus vîte que quand ſon cours

---

Soit $n = 1$, $h = 1$, $o = $ zéro ; $\dfrac{nnh}{nn+oo}$ fera $= h$, ou la preſſion ſera relative à la hauteur du réſervoir ou à la force du piſton.

Ce qui fait voir que quand les vaiſſeaux ſont obſtrués, le ſang les tient dilatés proportionnellement à la force du cœur, & plus que quand ils ne le ſont pas ; & qu'alors un tube vertical étant fixé à ces vaiſſeaux, le ſang s'y élèveroit le plus qu'il ſeroit poſſible, vu la force du cœur dans ce temps.

Si l'on bouche un tiers de l'orifice o, alors la formule fera $\dfrac{nnh}{nn+oo} = \dfrac{9 \times 1}{9+4}$ ou $\frac{9}{13}$ de la précédente ; c'eſt-à-dire, que ſi auparavant la diaſtole du vaiſſeau étoit de $\frac{13}{13}$ de ligne, elle ne ſera à préſent, qu'il y a un tiers des orifices ouverts, que de $\frac{9}{13}$, ou un quart plus petite.

Si l'on laiſſe la moitié de l'orifice o ouvert, alors $p = \dfrac{nnh}{nn+oo}$ fera $\dfrac{4 \times 1}{4+1}$, c'eſt-à-dire, $\frac{4}{5}$ de la première ou totale ; c'eſt-à-dire, que ſi l'on avoit une diaſtole de 5 points ou 12e de ligne quand le vaiſſeau eſt tout obſtrué, on ne l'aura que de 4 points quand la moitié en ſera ouverte.

Si l'on bouche les $\frac{3}{4}$ de o, alors, par la même règle, la diaſtole ne ſera que $\frac{16}{25}$ de la totale ; & ſi l'on laiſſe tout l'orifice o ouvert & égal en diamètre à n, alors les parois du tuyau ne recevront aucune impreſſion du fluide qui le traverſera, & le fluide ne s'élèvera pas du tout dans le tube vertical qui y eſt adapté, & par conſéquent ne dilatera pas du tout le tuyau ſuppoſé flexible, comme l'expérience le fait voir.

De-là on peut voir pourquoi la dilatation des artères du poumon peut fort bien être égale, & ſi l'on veut, moindre que celle de l'aorte, nonobſtant qu'il y paſſe autant, & ſi l'on veut, plus de ſang que dans l'aorte, & que leurs cavités totales ſoient comme les volumes des parties qu'elles

étoit opposé, c'est-à-dire, que lorsqu'elle s'écouloit de l'artère pulmonaire vers les bronches ; au-

---

arrosent, quand même le ventricule droit auroit la même
force que le gauche ; car il n'y a qu'à supposer, ce que
l'anatomie confirme, que le débouché des artères du poumon est plus libre que celui de l'aorte. Mais si les ventricules ont des forces inégales, comme il est évident, ou, ce
qui revient au même, si les hauteurs h sont moindres de
plus en plus, la pression du fluide contre les parois du
tuyau, ou son élévation dans le tube vertical, sera moindre dans le même rapport ; & ainsi, au lieu de $p =$
$\dfrac{nn \times 10}{nn + \infty}$, si l'on met $\dfrac{nn \times 5}{nn + \infty}$, on aura au lieu d'une pression comme 10, une comme 5, & ainsi des autres cas ; de
façon que si le rapport de n à o & les hauteurs ou forces
poussantes sont inégales, la pression des tuyaux sera dans
la raison composée des deux, & le tout pourra se modifier
de façon que des tuyaux de même ressort & diamètre,
comme l'aorte & l'artère pulmonaire, recevant le même
fluide avec des forces de piston & des vitesses inégales,
& ayant les orifices ou aboutissans dans les veines inégalement libres, pourront être pressés ou dilatés autant l'un
que l'autre, comme l'observation faite sur des animaux
vivans le fait voir.

Quant à ce qu'on ajoute que l'usage de l'air inspiré est
de contenir ces vaisseaux dans leurs énormes diastoles,
c'est contraire à la mécanique : le Créateur n'auroit pas mis
un si foible appui, qui, s'il étoit capable de modérer des
dilatations si violentes, devroit par la même raison affais-
ser les petits vaisseaux qui sont également exposés à l'air,
sans avoir cette vertu de se dilater qu'on attribue à ceux
du poumon, j'entends les vaisseaux des sinus frontaux,
maxillaires, de la bouche, du vagin, &c. Tout ce que
j'en dis, n'est pas pour rien ôter de l'estime due à l'auteur
de ce sentiment, qui a cru enseigner la vérité en le soute-
nant : les matières d'hydraulique sont si peu connues des
plus savans du siècle, qu'il n'est pas étonnant que ceux qui
veulent les approfondir les premiers, tombent dans quelque paralogisme ; & l'on doit toujours leur savoir bon gré

quel cas il s'écouloit une chopine par minute; cependant, quand on souffloit l'air par la trachée dans la cavité des poumons, rien ne paſſoit dans l'artère pulmonaire ni dans la veine.

7. J'ai voulu éprouver une autre fois ſi la férofité du ſang de cochon, la plus claire, pourroit paſſer des artères pulmonaires au travers des veines cor-reſpondantes des poumons du même animal, qui avoient été conſervés chauds dans l'eau : la féro-ſité paſſa librement dans les bronches, mais point du tout dans les veines.

EXPÉRIENCE XII.

Sur la Poitrine.

1. J'ai fait une inciſion de deux pouces de lon-gueur entre les côtes du côté droit de la poitrine d'un chien ; les poumons ſe dilatèrent d'abord juſqu'à remplir la cavité du thorax, puiſqu'ils preſſoient la partie inférieure de la bleſſure. Ils demeurèrent en cet état pendant quelque temps ; mais enſuite, comme le poumon droit s'affaiſſoit de plus en plus, le chien ſentoit auſſi une difficulté de reſpirer qui croiſſoit dans la proportion de cet affaiſſement ; & lorſque le thorax ſe dilatoit ou ſe contractoit, l'air ſortoit & entroit impétueuſement par l'inciſion ; mais auſſitôt que l'on fermoit la bleſſure, par le moyen de la peau que l'on tiroit deſſus, le chien

d'avoir oſé chercher la vérité à travers tant d'épines ; ceux qui la trouvent après eux, leur en ont ſouvent toute l'obligation ; mais auſſi doivent-ils eux-mêmes trouver bon qu'on la cherche, & qu'on ne ſuive pas des routes qu'ils ont tentées inutilement.

refpiroit auffi aifément que dans l'état naturel.

2. Nous pouvons obferver ici que cette dilatation des poumons, qui a continué après l'ouverture faite, doit être attribuée à la force du fang
de l'artère pulmonaire, de la même façon que
nous avons vu le fang chargé de nitre produire le
même effet dans l'Expérience XI, nombre 4 ; car,
puifque la fubftance des poumons eft très-flafque,
ils devroient s'affaiffer quand l'air les preffe également en dedans & en dehors.

3. L'on voit auffi, par cette expérience, que
cette dilatation des poumons, due à la force du
fang de l'artère pulmonaire, n'eft pas fuffifante
pour donner un libre paffage à ce fluide au travers
de ce vifcère, mais qu'il faut de plus la dilatation
des véficules par le moyen de l'air, vraifembla-
blement pour étendre les extrémités froncées &
repliées des artères capillaires, & par ce moyen
diminuer leur réfiftance ; car, quoique dans la
première expérience, on ait obfervé que par un
foupir profond, lequel n'eft qu'une infpiration,
la force du fang dans les artères du cheval fût
augmentée confidérablement, ce qui arrivoit
parce que le fang couloit en plus grande abon-
dance dans les poumons dilatés que dans ceux
qui étoient affaiffés ; cependant nous ne devons
point conclure de cette obfervation, que le fang
coule plus librement au travers des poumons,
lorfqu'ils font dilatés feulement par la force du
fang artériel, fans l'être en même temps par la
force de l'air introduit par l'infpiration.

4. Quand, par le défaut de la dilatation des
véficules pulmonaires, le cours libre du fang étoit
retardé dans ce chien, ce fluide étoit obligé de
couler en beaucoup moindre quantité vers le ven-

tricule gauche, lequel, dénué d'une quantité suffisante de sang, ne pouvoit imprimer au sang veineux & artériel qu'un mouvement diminué dans
la même proportion, ce qui faisoit qu'il retournoit
peu de sang vers le ventricule droit; & que par
conséquent, la force du sang dans l'artère pulmonaire étant fort petite, ne pouvoit pas suffire pour
dilater les poumons, d'où suivoit leur affaissement.
De façon que, si dans ce temps on eût tenu un
tube fixé à une des artères carotides de ce chien,
je ne doute point que le sang ne fût alors descendu
considérablement.

5. Mais quand le chien, par les efforts réunis
des muscles de l'abdomen, poussoit plus fortement le sang veineux dans la veine-cave, le ventricule droit, recevant alors plus de sang, le poussoit aussi avec plus de force dans l'artère pulmonaire; de façon que le lobe droit du poumon qui
étoit affaissé, se dilatoit sur le champ avec assez
de vigueur pour pousser la partie inférieure de ce
lobe, un, deux, & quelquefois trois pouces de
longueur au travers de l'incision, & cela, après
que l'animal avoit perdu une demi-chopine de
sang; mais quand il eut perdu plus que la moitié
de son sang, alors ses efforts ne faisoient plus dilater également le poumon droit.

6. On peut conclure de-là, qu'il n'y a point autant de danger qu'on se l'étoit imaginé, dans la
paracenthèse ou incision que l'on fait au thorax,
dans le dessein de le vider d'un abcès; car, quoique dans le temps que l'orifice étoit ouvert, ce
chien respirât difficilement, cependant la cavité
gauche du thorax étant tenue fermée par le moyen
du médiastin, le lobe gauche du poumon jouoit
assez librement pour que le chien respirât de ma-

nière à soutenir la circulation du sang pendant plus d'un quart-d'heure ; ce que j'ai éprouvé à dessein. Et la difficulté de la respiration n'augmentant point dans un espace de temps aussi long, on peut croire raisonnablement qu'il eût pu vivre de cette façon pendant quelques heures ; mais si la cavité gauche du thorax eût été ouverte en même temps, je ne doute point que l'animal n'eût bientôt péri. . . . . Supposons à présent que l'on a ouvert le thorax d'un homme, & que l'opération que l'on avoit dessein de faire soit achevée; si, précisément avant la clôture de l'incision, l'homme fait quelques efforts, & contracte fortement tous les muscles de l'abdomen, le lobe affaissé du poumon se dilatera sur le champ; & si l'on saisit cet instant pour couvrir l'incision avec un emplâtre, l'homme respirera aussi librement que jamais. *Quest.* Pourroit - on se flatter d'un même effet en comprimant & serrant avec force extérieurement l'abdomen?

7. Mais si les poumons eux-mêmes étoient percés d'un coup d'épée, ou d'une balle, alors ces efforts seroient nuisibles, parce qu'ils augmenteroient l'extravasation du sang.

8. Ceci nous montre combien il est dangereux pour ceux qui ont les poumons extrêmement foibles, de faire des exercices violens; car, quand un homme fait quelque effort, ou s'exerce violemment, (comme le sang est alors ou poussé avec beaucoup plus de force au ventricule droit, ou plus fréquemment, de façon qu'au lieu de se contracter soixante-cinq fois dans une minute, il se contracte cent vingt fois) le sang doit être lancé dans les poumons avec une force prodigieuse.

9. Dans ce cas, le sang étant accumulé dans

l'artère pulmonaire, les poumons seront par conféquent fort dilatés, de manière qu'ils ne s'affaif-
feront que peu dans l'expiration ; ce qui eft la caufe
de ces fréquentes & petites infpirations & expirations que nous voyons faire aux gens qui fe meuvent avec force & viteffe. C'eft ce qui arrive auffi
à ceux dont les poumons font confidérablement
affoiblis, ou viciés d'une autre manière, lors même que leurs mouvemens font fort petits ; car
alors, le cours naturel du fang au travers des poumons viciés étant retardé, les pulfations accélé-
rées du cœur doivent faire accumuler ce fluide
dans l'artère pulmonaire. Les perfonnes dont le
ventricule droit eft proportionné à l'état fain de
leurs poumons, ainfi qu'à toutes les autres parties
folides & fluides, qui doivent être proportionnées
entre elles ; ces perfonnes, dis-je, jouiffent d'une
bonne fanté : mais, dans l'état vicié, les poumons
font trop aifément furchargés de fang ; d'où il arrive que ces hommes malheureux font prêts à fuf-
foquer, parce que le fang paffant avec difficulté
en petite quantité au travers de ce vifcère, ne
peut fournir au ventricule gauche du cœur, fans
quoi cependant la vie doit ceffer fubitement.

10. Il y a auffi probablement une femblable ac-
cumulation du fang à l'artère pulmonaire dans les
cas des pleuréfies, quand le fluide, quoique pouffé
avec affez de force pour diftendre les vaiffeaux,
ne paffe cependant qu'avec difficulté au travers
des poumons, à caufe de fon épaiffiffement, &
caufe par conféquent des douleurs pongitives. Voici
une des raifons pour lefquelles le fang épaiffi produit plutôt de mauvais effets dans les poumons
& dans la plèvre, que dans les autres parties du
corps..... Par l'Expérience CXIII, *Statique des*

Végétaux, *p. 208*, nous avons vu que quand la jauge étoit fixée au thorax d'un chien vivant, l'esprit de vin s'y élevoit environ 6 pouces dans les inspirations ordinaires, & 20 ou 30 dans les laborieuses ; ce qui prouve évidemment que l'air contenu dans le thorax, pressoit moins alors la plèvre & la surface des poumons ; d'où il suit qu'il devoit couler dans ce temps plus de sang par ces vaisseaux qui étoient moins comprimés par l'air, comme cela arrive tous les jours dans l'application des ventouses, & qu'il est encore démontré par l'expérience suivante. J'ai fait mourir dans la machine du vide un petit chat, auquel j'avois fait des incisions entre les muscles intercostaux de chaque côté. En ouvrant le thorax de cet animal, j'ai trouvé les poumons remplis d'un sang rouge qui s'y étoit coagulé, & qui avoit coulé plus librement dans ses vaisseaux, parce que les cavités internes des vésicules pulmonaires & les parois mêmes du thorax étoient délivrées du poids de l'atmosphère ; au lieu que, si le petit chat eût étouffé dans le vide, sans que l'on eût fait d'incision à sa poitrine, les poumons se seroient trouvés fort blancs ; car, dans le temps que l'air eût été tiré de la cavité des vésicules, en passant par les bronches, l'air enfermé dans le thorax, en se dilatant, eût comprimé les poumons, & par conséquent exprimé le sang de ses vaisseaux, auquel cas on eût trouvé ces viscères blancs. Ce qui suit, démontre que l'air contenu dans la cavité du thorax, comprime les poumons d'un animal mis dans la machine du vide. Si l'on coupe en deux parties, un peu plus bas que le diaphragme, le corps d'un petit chat qui vient d'expirer, & qu'on attache à la tête de cet animal un poids suffisant

pour tenir fous l'eau cette portion coupée, & que
dans cette fituation on le place dans le vide, le
diaphragme fe dilatera beaucoup, & fe refferrera
encore auffitôt que l'air rentrera dans le récipient.
La même chofe arrivera, quoique l'on ne faffe tenir fous l'eau aucune partie de cet animal. Ce qui
prouve évidemment qu'il y a de l'air dans le
thorax, qui, dilatant ainfi le diaphragme par fa
propre expanfion, doit en même temps comprimer les poumons de la façon que je les trouvai à
l'ouverture de la poitrine; au lieu que les poumons
tirés hors du thorax fe dilatent dans le vide, &
continuent à fe dilater à mefure qu'on tire de plus
en plus l'air du récipient. Une autre raifon pour
laquelle les mauvais effets de l'épaiffiffement du
fang doivent plutôt fe faire fentir dans les poumons
que dans les autres parties, eft qu'il paffe dans
un égal temps, au travers des poumons, une beaucoup plus grande quantité de fang, refpectivement
à leur volume, que dans quelqu'autre partie du
corps que ce foit. La plèvre doit auffi y être fort
fujette, parce que, comme l'obfervent les anatomiftes, le fang circule dans fon tiffu plus librement & par des voies plus courtes, en paffant des
artères intercoftales dans la veine azygos, & de-là
au cœur; ce qui, produifant un cours abondant
de fang dans cette membrane, fait qu'elle fouffre la
première lorfque le fang s'épaiffit; & le côté gauche eft plus fujet à être attaqué que le droit, vrai-
femblablement parce que l'aorte paffant du côté
gauche, le fang eft alors pouffé avec plus de force
dans les artères intercoftales gauches plus courtes,
que dans les droites qui fe trouvent plus longues;
auquel mouvement, s'il eft bien connu, on re-
médie très-fouvent par la faignée qui diminue la

quantité du fang ; & c'eft ce qui fait que les poumons font fenfiblement dégagés par ce moyen
dans les cas de pléthore & d'afthme ; car il ne
s'agit que de diminuer l'impétuofité du fang (1).

---

(1) M. Hales démontre ici l'exiftence de l'air appelé intermédiaire, ou qui fe trouve entre les poumons & la
poitrine ; on le prouve encore par des bulles d'air qu'on
voit s'élever fous la plèvre, quand on fépare dans un chien
vivant le bas du fternum pour l'enlever. On a de plus
obfervé des bleffures qui pénétroient dans la poitrine
fans atteindre les poumons. L'origine de cet air fe trouve
bien & amplement détaillée *Exper.* CXII *& fuivantes de la
Statique des Végétaux*, où l'on trouvera une infinité de belles
découvertes fur cette matière.

On trouve auffi dans ce même article une remarque
curieufe fur la quantité du fang qui paffe dans les poumons, eu égard à celle du refte du corps. Il eft certain
que l'artère des poumons reçoit à même temps une certaine quantité de fang égale à celle que reçoit auffi l'aorte ;
mais ces deux artères, ayant des calibres égaux, ont des
capacités en raifon de leurs longueurs : on peut raifonnablement eftimer que la longueur de l'artère pulmonaire
eft à celle de l'aorte, comme le volume du corps entier eft
au volume du poumon, ou comme 160 eft à 5, ou 25 à 1
tout au moins. Il eft démontré encore que les dilatations
de deux cylindres égaux en diamètre & également flexibles, faites par d'égales quantités de liqueur, fi ces cylindres font inégaux en longueur, & que la liqueur ne s'é-
chappe pas, font en raifon réciproque de ces longueurs.
Car, fi à deux cylindres de diamètre égal, l'un long de
3 pieds, l'autre long d'un pouce, on ajoute un pouce cube
de liqueur, laquelle occupe un pouce dans chaque cylindre, le petit cylindre fera augmenté du double de fa longueur, & l'autre feulement d'une 36ᵉ partie de fa longueur
auffi ; mais s'il fort à même temps du bout du petit cylindre, à mefure qu'on l'emplit ainfi, par le bout oppofé,
trente-fix fois plus de fluide qu'il n'en fort à même temps
par le bout du grand cylindre, l'un ne fera pas plus rempli
que l'autre.

11. La tenfion des artères, dans la pleuréfie, n'eft pas l'effet de leur deffléchement produit par

---

Il s'agit ici de dilater les artères, & non de les alonger. Pour dilater 25 fois plus l'une que l'autre, par la même quantité de liqueur, il fuffit d'en alonger le diamètre cinq fois plus ; & fi l'on injectoit la même quantité de fang dans le tuyau pulmonaire bouché vers le fac pulmonaire, que dans le tuyau de l'aorte & de la veine-cave auffi bouché, il eft bien évident que fi l'aorte s'élevoit d'une ligne, l'artère pulmonaire s'élèveroit de 5 à même temps, mais fans aucune ligature. Si l'on met les réfiftances que le fang trouve à fon paffage par ces deux artères, & les forces qui le pouffent, égales de part & d'autre, le même rapport de dilatation fubfiftera ; car la dilatation d'un tuyau flexible eft dans la raifon de la force du pifton directement, & à même temps, de la réfiftance que le fang rencontre en fon paffage : moindre eft la réfiftance que le fluide trouve à fon paffage, & moindre fera fon action fur les parois du tuyau, pourvu que la force du pifton augmente comme les réfiftances ; & à réfiftance pareille, la dilatation d'un tuyau par un fluide, eft comme la force du pifton qui le pouffe. Ainfi, fi le fang eft pouffé avec moins de force par le ventricule droit que par le gauche, & que les réfiftances qu'il rencontre en fon paffage dans l'artère pulmonaire foient moindres que celles de l'aorte, le renflement par ces deux raifons y fera moindre.

Or, il eft vraifemblable que le ventricule droit a moins de force que le gauche, & que les derniers rameaux de l'artère pulmonaire font plus ouverts que ceux de l'aorte ; car les injections y paffent aifément, & non de l'aorte dans la cave. L'aorte fe divife, il eft vrai, en un plus grand nombre de rameaux ; mais ces rameaux, quoique plus nombreux, font plus étroits, & ne donnent pas un fi libre paffage au fang ou à la même quantité de fang ; car, dans les petits rameaux, la réfiftance croit dans un plus grand rapport que leur calibre ne diminue, témoin les Expér. xiv, xv & fuiv. & ce qu'a démontré M. Pittot, *Mém. de l'Acad.* 1735, *princ. 1.* On ne pourra pas inférer de ceci, que le fang aille moins vite dans l'artère pulmonaire que dans l'aorte ; car la même viteffe peut s'y trou-

la chaleur, comme on l'a cru ; mais elle vient de
ce que le fang épaiffi, paffant avec plus de peine,
gorge & tiraille les petits vaiffeaux, étant pouffé
par la force du cœur qui eft augmentée. Je crois
auffi que, fi l'on fixoit un tube à l'artère d'un pleu-
rétique, le fang y monteroit bien plus haut qu'en
fanté, fur-tout au commencement de la pleuréfie,
avant que l'effort des fibres fût affoibli.

12. Les prédicateurs & orateurs s'apperçoivent
qu'on eft plus fatigué de parler en public après
dîner qu'à jeûn, à caufe de la quantité de fang
qui charge alors les poumons durant cet exercice.

13. Et comme nous avons remarqué ci-devant
que la dilatation des poumons, en hâtant le cours
du fang dans leurs vaiffeaux, nous anime & nous
donne de la force ; nous voyons que ceux qui fe
font habitués à une voix pleine parlent plus facilement, & fe font mieux entendre, que ceux qui
parlent à voix baffe ; car ceux-ci, faute de dilater
fuffifamment leurs poumons pour le paffage libre
du fang, fe trouvent plutôt effoufflés. Ceux qui ont
la poitrine étroite ne fauroient, il eft vrai, parler
autrement ; mais auffi font-ils fujets à plus d'in-
commodités que ceux qui l'ont ample. La largeur
de la poitrine eft la marque d'une bonne confti-
tution.

14. Les excès dans le boire & le manger gênent
autant la dilatation des poumons, que la mauvaife

---

ver, quoique les forces des piftons foient inégales, puifque
les réfiftances font réciproques aux forces. La même viteffe
& le même calibre fe trouvant de part & d'autre, il
paffera par l'une & par l'autre la même quantité de fang,
avec un renflement égal dans ces vaiffeaux ; ce qui s'accorde à l'obfervation faite fur ces artères dans les animaux
vivans.

conformation de la poitrine peut le faire ; car certains alimens allument le fang, & pris en trop grande quantité gênent l'abaiſſement du diaphragme, d'où s'enſuit le retardement du fang dans les viſcères, comme les boyaux, leſquels, de plus, étant trop remplis, preſſent leurs vaiſſeaux ſanguins ; de-là vient que les excès habituels, qui donnent occaſion à pluſieurs dérangemens dans différentes parties du corps, en produiſent fort ſouvent dans les poumons, qui ſe trouvent alors preſſés par l'eſtomac qui eſt rempli.

15. Il n'eſt pas hors de propos de remarquer ici (ce que l'on peut conclure des obſervations précédentes) quels ſont les avantages de l'exercice même aux perſonnes qui vivent le plus modérément ; car par ce moyen, non-ſeulement le ſang eſt agité dans toutes les parties, mais encore il circule plus promptement, tant à cauſe du nombre augmenté des ſyſtoles du cœur, que par une plus grande facilité qu'il trouve à paſſer dans les poumons, lorſqu'ils ſont dilatés & ſecoués plus conſidérablement. Cette dilatation plus grande, eſt un effet de l'exercice qui la produit, en accélérant la digeſtion des alimens, & l'évacuation des matières contenues dans les inteſtins ; car alors, non-ſeulement le diaphragme peut agir plus librement, donner par conſéquent plus d'eſpace à la dilatation des poumons ; mais le ſang encore paſſe plus librement au travers des parois des inteſtins & de l'eſtomac. Enfin, ſous quelque point de vue que nous conſidérions l'économie animale, il ſe préſente toujours des raiſons fort preſſantes pour nous engager à la tempérance & à l'exercice.

16. Puiſque nous voyons dans l'Expérience XI, nombre 6, que la ſéroſité paſſe librement de l'artère

tère pulmonaire de la cavité des véficules & des bronches, il n'eft pas étonnant de voir de fi prodigieux écoulemens de cette liqueur au travers des mêmes paffages, lorfque les poumons font furchargés, parce que la tranfpiration infenfible eft arrêtée par le froid, ou lorfqu'ils font dérangés par une autre caufe. C'eft auffi de-là que quelques afthmes prennent leur origine.

17. M. Jean Floyer, dans fon *Traité de l'Afthme,* en attribue la caufe immédiate au refferrement ou à la conftriction des bronches; il obferve que le paroxyfme de l'afthme arrive foudainement, à l'occafion d'une effervefcence du fang produite par des caufes externes, qui féparent de la maffe de ce fluide une lymphe laiteufe, laquelle s'arrête dans les glandes tuméfiées des poumons. Ce raifonnement femble être confirmé par ce qui arrive conftamment, lorfque l'on fait couler de l'eau au lieu de fang dans les artères du chien; car alors, comme il eft obfervé dans l'Expérience XIV, nombre 5, tous les mufcles de cet animal entrèrent en convulfion. Un femblable écoulement d'humeurs déliées & féreufes fur les nerfs ou fibres mufculaires des bronches ou véficules, peut produire, en irritant & faifant contracter ces fibres, le rétréciffement des bronches dont nous avons parlé ci-deffus, & par conféquent le paroxyfme de l'afthme. Cet écoulement de férofité paroît, dit-il, évidemment par les diarrhées, les flux urineux, la falivation copieufe, la pefanteur de tête que l'on éprouve au commencement de l'attaque de l'afthme.

EXPÉRIENCE XIII.

Sur la Poitrine, & sur l'Electricité du Sang.

1. Nous voyons par la xe Expérience, que le sang passe avec plus de rapidité à travers les poumons qu'à travers les autres vaisseaux capillaires du corps; d'où nous pouvons fort raisonnablement conclure, qu'il acquiert principalement sa chaleur par la vive agitation qu'il y essuie. Mais nous apprenons de l'expérience journalière, que le mouvement du sang accéléré par le travail ou l'exercice, en augmente la chaleur; d'où nous pouvons inférer, que c'est sur-tout dans les poumons que le sang acquiert sa chaleur, puisqu'il y roule avec plus de rapidité que dans les autres vaisseaux capillaires du corps, & que la chaleur du sang est principalement produite par ce frottement : c'est ce qu'on peut prouver, de ce que cette chaleur est bien plutôt augmentée quand on fait des mouvemens violens du corps, qu'elle ne pourroit l'être par aucun mouvement de fermentation ou d'effervescence ; & au contraire, dès que le mouvement du sang vient à cesser, soit par la mort, soit lorsque quelque cause le fait extravaser, il se refroidit aussi promptement qu'aucun autre fluide de pareille densité, & qui seroit exempt de toute effervescence (1).

---

(1) La chaleur des corps est en raison des particules ignées qui se développent. Les effervescences froides prouvent que tout fluide n'est pas propre à s'échauffer, parce que tout fluide ne contient pas un nombre suffisant de particules ignées. *Voyez* les Expér. de M. Musschen-

2. De même que les mélanges propres à la fermentation ou à l'effervescence, n'acquièrent leur

---

broeck sur ce sujet, & s'Gravesande *de Igne*, &c. Mais quand même un corps auroit beaucoup de particules ignées, il n'en seroit pourtant pas plus chaud, si ces particules sont concentrées, & pour ainsi dire enfermées dans les pores du corps. Or, la violente agitation des particules d'un fluide, & leur frottement contre les parois élastiques des canaux dans lesquels elles sont mues, est un des moyens les plus propres pour tirer les particules ignées de leur prison, & leur faire donner des preuves sensibles de leur présence. C'est donc avec raison que M. Hales conclut de ce que le sang coule avec plus de vitesse dans les poumons, qu'il doit y acquérir un plus grand degré de chaleur. Mais les globules rouges du sang sont plus sulfureux que la lymphe, car ils s'enflamment aisément, lorsqu'après les avoir fait sécher on les jette sur le feu ; & les corps sulfureux, comme M. Homberg l'a fait voir, & comme l'a pensé M. Newton, sont plus chargés de matière lumineuse ou ignée qu'ils attirent fortement, que ne le sont les fluides aqueux ou autres. Donc, à vélocités égales, le sang doit exciter plus de chaleur que la lymphe.

Mais encore, plus un fluide est condensé, plus dans le même espace il contiendra de molécules uniformément répandues dans son tissu, telles que sont les molécules de feu, & plus, par une force suffisante qui lui sera appliquée, il recevra de quantité de mouvement : donc, si le sang est condensé dans un endroit, & qu'il ait néanmoins la même vitesse qu'avant sa condensation, il en aura plus de chaleur dans la raison de sa densité augmentée.

M. George Martin, dans le 3ᵉ vol. des *Observations d'Edimbourg*, article XL, prétend que la chaleur du sang ne doit se prendre que de sa vitesse simple, & non du quarré de sa vitesse, sans en donner aucune raison. En cela, il s'éloigne du sentiment de l'illustre M. Herman, qui, dans dans sa *Phoronomie*, avance que la chaleur est comme le quarré des vitesses des corps qui se frottent ; & en effet, les particules ignées, ou, si l'on veut, les particules d'un fluide quelconque, tel que le sang, produiront par leur seul choc, si le fluide est mu avec une vitesse double, un

chaleur que par l'agitation & le frottement rapide de leurs molécules les unes contre les autres, les globules du sang peuvent aussi fort bien acquérir leur chaleur, étant vivement agités, dans leur passage rapide à travers ce nombre prodigieux de ramifications divergentes & convergentes des canaux les plus déliés.

3. *Question.* N'est-ce pas là le principal usage de ces globules rouges, lesquels sont la partie la plus ferme & la plus compacte du sang, & qui sont en même temps très-élastiques, ce qui les rend plus susceptibles de chaleur quand ils sont rapidement frottés & secoués ? Leur rougeur indique qu'ils abondent en soufres, lesquels les rendent plus propres à recevoir & à retenir la chaleur, que ne le sont les corps qui ont peu de parties sulfureuses ; car, plus un corps est aqueux, moins il est susceptible de chaleur, d'où l'on peut conclure avec grande raison, que si de l'eau pure circuloit dans nos vaisseaux avec la même vélocité que le sang, elle n'en acquerroit cependant pas la chaleur. C'est de quoi nous avons plusieurs

---

effet double de celui qu'elles auroient produit si la vitesse du fluide eût été simple ; mais en même temps ces fibres nerveuses seront frappées par deux fois plus de molécules semblables : donc l'effet ou la chaleur qui en résulte sera quadruple, ou comme le quarré des vitesses du fluide. Tous les raisonnemens qu'il fait dans ce mémoire, sur la cause de l'uniformité de chaleur dans tout le corps, me paroissent sujets à d'autres difficultés ; & il me semble que quand le frottement seroit fort inégal, comme je crois qu'il l'est entre les artères & les veines, la chaleur doit cependant y être uniforme ; car la chaleur se répand dans les corps voisins, comme les sels dans les liqueurs qui les dissolvent. Sur quoi l'on peut consulter la *Chimie de M. Boerhaave, T. I. de igne.*

exemples dans les mélanges fermentatifs, plusieurs desquels, quoique dans un semblable degré d'effervescence, acquièrent différens degrés de chaleur ; ce qui dépend ou du différent tissu des particules qui les composent, ou de la différente manière dont elles agissent les unes sur les autres. Il y a même des corps solides qui acquièrent par le frottement plus de chaleur, & de chaleur brûlante, les uns que les autres. Leewenhoeck a observé que le sang des poissons, lequel est plus froid que celui des autres animaux, a proportionnellement plus de sérosité. Le sang des animaux terrestres contient vingt-cinq fois plus de globules rouges, qu'à volume égal n'en contient celui d'un cancre ou écrevisse. Si, conformément au calcul de M. Jurin, au rapport de M. Motte, *Abrégé des Transact. Philos. Part. II, pag.* 143, les globules rouges font la quatrième partie du sang ; & si, selon son calcul aussi, le diamètre d'un globule est $\frac{1}{3240}$ de pouce ; alors le quart du cube de 3240, ou 850305 6000 sera à peu près le nombre des globules rouges contenus dans un pouce cube de sang ; & la distance mutuelle des centres d'un globule à l'autre, sera $\frac{4}{3240}$ pouces (1).

4. M. Boerhaave remarque que l'huile est susceptible d'un beaucoup plus grand degré de chaleur que ne l'est l'eau ; & que l'huile, ainsi que les globules du sang, abonde en soufre, lequel,

---

(1) Il est vrai que M. Jurin avoit d'abord estimé la grosseur d'un globule rouge du sang égale en diamètre à $\frac{1}{3240}$ de pouce, *Philos. Transf.* 355 ; mais sur des observations plus exactes, & des mesures que lui communiqua ensuite M. Leewenhoeck, il s'assura, & fit voir à toute la Société, que leur diamètre n'étoit égal qu'à $\frac{1}{1940}$ partie de pouce, *Philos. Transf.* 377.

comme on fait, attire avec beaucoup de force la lumière & l'air, qui font deux principes extrê-mement actifs.

5. A préfent, comme on fait que plufieurs corps folides étant échauffés par le frottement fe trouvent électriques, il m'eft venu dans l'efprit d'effayer fi des liqueurs bien agitées le deviendroient auffi (1).

6. Ayant donc mis demi-once de vif-argent dans une fiole de deux onces, je l'ai fecoué rapidement en tout fens pendant un temps confidérable; & alors pofant la fiole couchée de côté fur la table, je l'ai fait tourner doucement, pour faire approcher peu à peu la circonférence du vif-argent d'une infinité de boulettes mercurielles qui adhéroient féparément aux parois de la fiole; c'eft-là que j'ai vu avec plaifir quelques-unes de ces particules attirées, & d'autres repouffées par la maffe du vif-argent; ce qui démontre clairement la qualité électrique qu'il avoit acquife par la fecouffe. Cependant ce vif-argent, échauffé par fon

―――――――――

(1) M. Hales ouvre ici un vafte champ à une hypothèfe propre à expliquer le mouvement mufculaire, & plufieurs autres fonctions auxquelles on n'a vu goutte jufqu'ici. Le fluide nerveux n'eft-il pas pouffé dans les nerfs avec une viteffe fuffifante pour les échauffer, & mettre en jeu l'électricité des fibres & la leur propre? Par cette électricité, ne fe peut-il pas que les fibres nerveufes fe froncent, & raccourciffent le mufcle entier, fans augmenter fon volume? Ne pourroit-on pas déduire certaines antipathies morales, ou averfions qu'on a pour certains alimens, certaines odeurs, de l'ébranlement que l'atmofphère électrique de ces corps peut caufer aux fibres nerveufes? La force répulfive des corps électriques à l'égard de quelques autres, ne pourroit-elle pas venir au fecours de l'hypothèfe? *Voy. ci-après n. 12.*

effervefcence avec le double d'eau-forte, ne donne pas des marques d'électricité.

7. J'ai verfé dans une bouteille de Florence affez mince, deux onces d'eau froide, & fur cela autant d'huile de vitriol qu'il en falloit pour l'échauffer au point que ma main ne pût plus le foutenir ; alors j'ai approché le fond de la bouteille de quelques filamens d'une brocatelle, avec du duvet & des brins de cheveux ; mais pas un de ces filets ne fut attiré ni repouffé par la bouteille ; & même chofe arriva dans une forte effervefcence faite avec le double d'eau-forte & de la limaille de fer.

8. Il n'eft pas indifférent d'obferver que l'effervefcence chaude & foudaine qui fe fit dans ce mélange, ne fit aucune impreffion fur ces filamens, &c. quoique placés près du fond de la bouteille avant que j'y euffe verfé le mélange ; raifon affez plaufible pour ne pas attribuer cette effervefcence à l'action d'aucune matière fubtile qui eût paffé foudainement à travers les pores du verre dans la bouteille ; tandis que les émanations électriques traverfent fort aifément les pores d'une boule de verre, qui a été frottée au point d'acquérir de l'électricité.

9. Des filamens pareils, des poils, du duvet, &c. ayant été placés près du fond de la bouteille en dehors, tandis que je verfois en dedans du fang de cochon tout récemment tiré, ne donnèrent point de marque d'attraction. Or, je plaçois ainfi ces menus filets hors de la bouteille, pour intercepter par-là les vapeurs chaudes du fang, qui me paroiffoient devoir empêcher l'attraction, fi ces filets euffent été approchés de la furface du fang immédiatement.

G iv

10. J'ai mis deux onces de ce même sang dans une bouteille de verre divisée en loges ou cellules, dans le dessein d'incorporer l'huile avec le vinaigre ; l'ayant bouchée fort exactement, j'attachai cette bouteille à une perche de 10 pieds de longueur, dont l'autre bout étoit fixé & arrêté dans un endroit : la bouteille qui étoit à l'autre extrémité, suivant les vibrations rapides que je donnois à la perche, fut violemment secouée durant quelques minutes ; mais le sang ainsi agité, & qui étoit d'un rouge fort éclatant, n'attira pas les filets, &c. soit à travers le verre, ou lorsqu'on l'eut versé dans un plat.

11. Puisque le sang ainsi agité ne devient pas électrique, & que le vif-argent le devient, ne peut-on pas attribuer cet effet aux particules aqueuses dont le sang, ainsi que les mélanges ci-dessus mentionnés, sont chargés, & qui arrêtent ou empêchent l'électricité de paroître, quoiqu'elles n'empêchent pas la chaleur qui est acquise par le frottement mutuel des particules effervescentes les unes contre les autres ? On observe que les expériences sur l'électricité demandent un air sec pour bien réussir ; ainsi, si le tuyau de verre frotté au point de devenir bien électrique, vient à être mouillé, soit d'eau froide, soit d'eau chaude, le tuyau perd sur le champ son électricité ; ainsi donc, de ce que le sang n'a pas donné des marques d'électricité, on n'en sauroit pourtant pas conclure que la chaleur qu'il a dans les vaisseaux ne soit l'effet des vives agitations & secousses qu'il y essuie.

12. Mais nous avons dans les moules une preuve bien remarquable de l'électricité des globules du sang ; car, si l'on coupe une petite pièce de leurs

ouies , & qu'on l'expofe fur un petit verre con-
cave avec trois ou quatre gouttes de cette liqueur ,
au foyer d'un microfcope double , on verra le
fang fort agité dans ces petits vaiffeaux ; & aux
bords de l'ouie bleffée , on verra avec beaucoup
de plaifir , que plufieurs globules de fang font re-
pouffés des orifices des vaiffeaux coupés , & attirés
par les autres vaiffeaux voifins , on verra auffi d'autres globules pirouettant fur leur centre , & fe
repouffant mutuellement : d'où il eft clair que
les corps, en frottant & pirouettant vivement, peuvent acquérir , même dans un fluide aqueux , la
vertu attractive & répulfive , c'eft-à-dire , l'électricité. Si l'on place du fang récemment tiré devant un microfcope , on verra les globules , par
leur mutuelle attraction , fe réunir & former des
globules plus gros.

13. Mais quand même il refteroit douteux fi
les globules de fang , à raifon du fluide aqueux
& chaud dans lequel ils frottent , acquièrent la
vertu électrique , en paffant avec grande rapidité
& avec un violent frottement à travers une infinité de vaiffeaux capillaires du corps , & fpécia-
lement à travers ceux des poumons ; cependant ,
comme les corps électriques acquièrent de plus
grands degrés d'électricité étant frottés dans un
air froid que dans un air chaud , il eft raifonnable
de penfer que ces globules peuvent acquérir de
grands degrés de vibration élaftique en paffant à
travers les poumons ; car quoique , par les frottemens extraordinaires qu'ils y fouffrent , ils foient
dilatés & échauffés , ils ne laiffent pas que d'être
rafraîchis & refferrés par l'air frais qui aborde
continuellement dans les poumons ; c'eft-là qu'à
raifon de la grande étendue des furfaces de toutes

les véſicules pulmonaires, une grande ſuperficie de ſang eſt expoſée à une auſſi grande ſuperficie d'air contenu dans ces véſicules, dont les parois ſont ſi minces, qu'on peut ſuppoſer ces deux fluides dans un contact mutuel l'un de l'autre, à $\frac{1}{1000}$ de pouce près. Ainſi, ces liquides preſque mêlés doivent avoir un effet conſidérable l'un ſur l'autre, l'air ſur le ſang qu'il rafraîchit, & le ſang ſur l'air qu'il échauffe.

14. Cet effet du ſang ſur l'air contenu dans les poumons eſt ſi conſidérable, que, quoique cet air ſoit, par les inſpirations, mêlé avec une bonne quantité de nouvel air frais, au moins 1200 fois par heure ; ſi cependant je tiens mon thermomètre à eſprit de vin pendant long-temps dans la bouche, ayant le ſoin d'inſpirer l'air frais par les narines, & d'expirer ſur la boule du thermomètre l'air chaud, l'eſprit de vin s'élève du dixième degré, chaleur actuelle de l'air externe, juſqu'au quarante-ſixième au deſſus du point de la congélation ; de façon que dans $\frac{1}{1200}$ partie d'heure ou trois ſecondes, l'air inſpiré ſe trouve acquérir 36 degrés de chaleur. L'état naturel de mon ſang, durant lequel je faiſois cette expérience, étant de 64 degrés, & celui de l'air extérieur de 10 degrés, plus froid par conſéquent de 54 degrés que le ſang, il ne laiſſa pas de prendre dans ſi peu de temps 36 degrés de chaleur (1).

15. La quantité du ſang qui paſſe à travers les poumons de l'homme à chaque minute, étant

---

(1) Sur cette matière, on peut voir d'autres expériences de M. Hales, rapportées dans l'Appendice de la *Statique des Végétaux*, Expérience VI, pag. 351 ; & la troiſième prænotation de M. Michelotti, *De Separatione fluidorum.*

eſtimée, Expérience VIII, n°. 12, de 8.74 livres ou 228.8 pouces cubes, & la quantité de l'air pris à chaque inſpiration, ſe trouvant de 40 pouces cubes, *Statiq. des Végét. p.201*, elle montera à 800 pouces cubes dans 20 inſpirations d'une minute : ainſi, cette quantité d'air ſera à celle du ſang, comme 3.48 eſt à 1.

La gravité ſpécifique de l'air eſt à celle du ſang, comme 1 à 841.

16. J'ai communiqué ces principes d'expérience au docteur Déſaguliers, lequel, de même que M. Ch. de Labely, qui ſe trouvoit préſent, convint de la juſteſſe du calcul ſuivant, ſur le degré de rafraîchiſſement que le ſang reçoit de l'air inſpiré.

17. La chaleur actuelle, eſt à la chaleur ſenſible que la main ou le thermomètre indiquent, comme le *moment* eſt à la vélocité.

18. La chaleur ſenſible multipliée par la quantité de matière, donne la chaleur actuelle ou le *moment* de chaleur.

19. Donc la chaleur actuelle diviſée par la matière, donne la chaleur ſenſible, comme le *moment* diviſé par la matière donne la vélocité.

20. Donc, à meſure qu'on ajoute de la matière, on retranche de la chaleur ſenſible.

21. Ce qui donne 64 degrés de chaleur ſenſible à 1, ne donne que 1 degré de chaleur ſenſible à 64.

22. La gravité ſpécifique du ſang étant à celle de l'air comme 841 à 1, ſi un volume d'air, qui eſt à un volume de ſang comme 3.48 eſt à l'unité, ſe trouve par la condenſation réduit à un volume 1, ou au même volume que celui du ſang, alors ſa gravité ſpécifique en deviendra d'autant plus grande, qu'elle approchera plus de celle du ſang.

Ces deux gravités étoient avant la condensation comme 841 à 1, & elles feront maintenant comme 241.6 à 1, parce que $\frac{841}{3.48} = 241.6$.

23. La question se trouve donc réduite à ces termes. Ce qui donne 36 degrés de chaleur sensible à $\frac{1}{241.6}$, combien en donnera-t-il à 1 ?

24. La solution est $36 \times \frac{1}{241.6} = \frac{36}{241.6} = 0.149$, c'est-à-dire, environ la 149ᵉ partie d'un degré.

25. Maintenant, comme $3'' : 0.149 :: 60 : 2.98$. Donc, dans une minute, la chaleur ajoutée au sang des poumons sera 2.98 degrés, la chaleur totale du sang s'y trouvant $64 + 2.98$ degrés $= 66.98$.

26. De façon que si un homme retient sa respiration durant une minute, la chaleur du sang qui étoit de 64 degrés dans les poumons, augmentera jusqu'à être de 66.98 degrés ; & en 2 minutes (durant lequel temps différentes personnes retiennent leur haleine, ou peuvent souffler sans reprendre haleine, comme le peut faire le trompette *Grano*) la chaleur montera à 69.96.

27. Mais quand ce sang échauffé se remêlera à la masse ou au reste du sang, alors sa chaleur sensible sera diminuée ; car ce qui en 2 minutes donne à la quantité de sang contenue dans les poumons, une chaleur sensible de 5.96, donnera une chaleur d'autant moins sensible à toute la masse du sang, que cette quantité totale de sang surpasse celle qui étoit contenue dans les poumons.

28. Nommant donc la quantité totale du sang x, ou la proportion de toute la quantité du sang à celle des poumons étant exprimée par ce rapport $x : 1$, l'on aura $x : 1 :: 5.96 : \frac{5.96}{x}$, c'est-à-dire, comme $x : 1$, ainsi 5.96 (degrés de chaleur sensible dans les poumons, acquise en deux minutes) sont à $\frac{5.96}{x}$ degrés de chaleur sensible que le sang

total peut acquérir à même temps par le mélange
du premier. On peut ajouter cette quantité à la
chaleur de toute la maſſe du ſang pour chaque
deux minutes, ſi l'on retient long-temps ſa reſpiration.

29. A préſent, ayant eſtimé que toute la maſſe
du ſang dans l'homme eſt de 25 livres, la quantité d'air étant de 40 pouces cubes = 1.24 livres,
en ſuppoſant ſa gravité ſpécifique égale à celle du
ſang. Mais le volume du ſang dans les poumons,
s'eſt trouvé au volume d'air inſpiré, dans le rapport de 1 à 3.48 ; donc, ſi nous diſons, comme
3.48 eſt à 1, ainſi le poids 1.24 livres (du volume
de ſang égal à celui de l'air dans les poumons) eſt
au poids de la quantité réelle du ſang dans les
poumons, qui ſera $\frac{1.24}{3.48}$ = 0.356 de livres. Multi-
pliant en conſéquence la chaleur acquiſe en 2 minutes 5.96 degrés, par la quantité du ſang ou par
0.356 d'une livre, nous aurons la ſomme des chaleurs actuelles = 5.96 × 0.356 = 2.12176, qui,
étant diviſée par la maſſe totale du ſang = 25 liv.
donne $\frac{2.12176}{25}$ = 0.08487 d'un degré ; de façon
que la maſſe totale du ſang, en retenant ſon haleine pendant deux minutes, s'échauffera depuis
64 degrés juſqu'à 64.08487 degrés.

30. Et ſi les accroiſſemens de chaleur ſont comme les temps, alors, en demi-heure, la chaleur de
la maſſe totale du ſang augmentera depuis 64 degrés juſqu'à 65.27305 degrés, c'eſt-à-dire, de
1.27305 degrés.

31. M. Boerhaave rapporte quelques mauvais
effets fort remarquables que produit l'air trop chaud
ſur ceux qui le reſpirent ; car, ayant fait enfermer
un moineau dans l'étuve d'une raffinerie de ſucre,
dont la chaleur faiſoit élever le vif-argent du ther-

momètre de M. Fahrenheit au 146ᵉ degré, ce qui eſt 54 degrés au deſſus de 92, chaleur naturelle du ſang ; le moineau, après environ une minute, parut fort mal à ſon aiſe, & mourut en 7 minutes.

Un chat étant mis auſſi dans la même étuve, parut dans une minute fort malade, & mourut dans environ 17 minutes ; il étoit ſi mouillé de ſa ſueur, qu'on eût dit qu'il ſortoit de l'eau.

Mais un chien qui y avoit été mis à même temps ne ſua point ; après ſept minutes il haletoit beaucoup de ſa poitrine, & au bout d'un quart-d'heure il parut ſouffrir notablement ; il tomba auſſitôt après en foibleſſe, & mourut en 28 minutes ; il bavoit pendant tout ce temps-là une grande quantité d'écume rouge, qui rendoit une odeur ſi inſupportable, qu'un ouvrier qui paſſa auprès en fût preſque renverſé dans l'inſtant.

32. Il obſerve dans cette expérience les cruels effets de ce degré de chaleur, le peu de temps qu'il faut pour produire une maladie des plus aiguës, accompagnée de ſymptômes très-violens & même mortels ; combien les humeurs étoient ſoudainement changées de l'état de ſanté à celui d'une pourriture dégoûtante, plus peſtilentielle & mortelle qu'eſt celle de la plus infecte charogne ; combien & à quel degré les humeurs ſe trouvent altérées en ce peu de temps, pour rendre la ſalive rouge. Il remarque auſſi avec raiſon, que ce n'étoient pas là les effets de la ſeule chaleur de l'étuve ; car ſi de la viande avoit été ſuſpendue dans le même lieu, elle s'y ſeroit deſſéchée, & n'auroit pas tourné du côté de la corruption peſtilentielle, laquelle donc doit être attribuée au frottement cauſé par le mouvement vital du ſang dans les poumons, lequel ne recevant plus aucun rafraî-

chiffement, doit acquérir un degré de chaleur plus grand même que celui de l'étuve ; d'où il s'enfuit qu'il doit tendre à la *putréfaction*, les huiles, les fels & les efprits de l'animal ayant été totalement pourris en 28 minutes.

33. Il obferve auffi, que quand l'homme refpire un air auffi chaud qu'eft fa chaleur naturelle, il fent d'abord une fi grande difficulté de refpirer , qu'il ne peut la fupporter long-temps ; mais bientôt il foupire après un air frais, lequel le fortifie , tandis qu'un air chaud l'accable & l'affoiblit. Auffi nul animal , nulle plante, ne peut foutenir long-temps un air chaud , s'il n'eft rafraîchi par un nouvel air frais de temps en temps.

34. D'où il conclut avec raifon, que, comme le fang eft d'un côté fort échauffé dans les poumons , à caufe de la grande vélocité & du grand frottement qu'il y effuie, d'autre part il y eft auffi plus rafraîchi. *Elémens de Chimie, tom. I , p. 275.*

35. Le même auteur, *tom. II, pag. 378* , obferve que la chaleur naturelle du fang n'eft pas éloignée du point coagulant, qui eft le centième degré, tandis que la chaleur naturelle eft au quatre-vingt-douzième : d'où l'on peut inférer que la chaleur de la fièvre doit tendre à coaguler le fang; & afin de réfifter à cette tendance , la nature eft dans la néceffité d'augmenter de beaucoup le mouvement du fang à travers les vaiffeaux circulatoires, lequel, à mefure qu'il procure une plus grande atténuation de ce fluide , en augmente à même temps la chaleur.

36. Comme la chaleur naturelle du fang n'eft pas fort loin du degré de coagulation , auquel cas & même plus haut nous le voyons s'élever, s'il n'eft pas fouvent rafraîchi par l'infpiration d'un

air frais ; auſſi le plus conſidérable des uſages du poumon eſt probablement celui de rafraîchir le ſang. L'atténuation & la ſéparation des globules rouges, eſt auſſi ſans doute un autre grand uſage de ce viſcère ; car, quoique les globules rouges ſoient diviſés, & paſſent un à un par les artères capillaires innombrables du reſte du corps, dans les veines correſpondantes, cependant le ſang veineux n'eſt pas éclatant. Cet éclat ou cette rougeur vive, doit être bien plutôt attribuée aux frottemens, agitations & diviſions violentes qu'il ſouffre dans ſon paſſage, qui ſe fait avec une plus grande viteſſe à travers les poumons qu'à travers les autres parties du corps ; de la même manière que ci-deſſus, nombre 10, le ſang qui étoit le plus ſecoué dans une bouteille fermée, ſe trouvoit éclatant, non-ſeulement à ſa ſurface, mais encore dans toute ſa ſubſtance intérieure, ainſi que l'eſt le ſang artériel. Il eſt probable encore que le ſang peut recevoir d'autres influences importantes de l'air que les hommes inſpirent en ſi grande quantité. Le ſujet des recherches de pluſieurs ſavans a été pendant long-temps de trouver de quel uſage il eſt dans la reſpiration : quoique ces uſages puiſſent nous être connus à bien des égards, il faut pourtant avouer qu'il y a encore bien des ténèbres ſur ce ſujet.

37. Comme l'air, dans les inſpirations & expirations ordinaires, paſſe aiſément & librement, allant & venant avec très-peu de vélocité, il ne peut ſûrement pas faire de fort grands effets ſur le ſang par ſa force impulſive ; il ne le peut pas non plus par la ſomme des gravités qu'on augmente à raiſon de la forme des poumons, (cette gravité, ſur la ſupputation que la ſomme de toutes les aires

des

des véſicules eſt égale à 152 pieds quarrés , a été eſtimée par M. Jacques Keill de 50443 livres) , y ayant une mépriſe manifeſte dans cette manière de ſupputer ; car, ſuppoſons qu'un pied cube de quelque matière ſolide ou fluide ſoit diviſé en 100 lames ou feuillets, chacune de ces lames étant couchée ſéparément & à l'écart, ſera preſſée avec tout le poids de l'atmoſphère : mais ſi à préſent on les couche les unes ſur les autres, en forme d'un pied cubique , chacune ne ſera pas moins preſſée qu'elle l'étoit par tout ce même poids de l'atmoſ-phère ; & de plus, dans cette poſition , toutes , excepté la plus haute, ſeront preſſées par la ſomme des poids des lames qui ſe trouvent deſſus : d'où il eſt clair que le ſang aura moins de poids à ſoute-nir quand il ſera répandu en de grandes ſurfaces fort minces , que s'il étoit accumulé en de plus groſſes maſſes.

38. Comme le ſang acquiert différens degrés de chaleur , ſelon les différens degrés de vélocité avec leſquels il circule , & ſelon auſſi les différens diamètres & le relâchement ou la tenſion des vaiſſeaux , il s'enſuit que dans l'état où les fibres des vaiſſeaux ſont relâchées , le ſang deviendra plus froid , plus gluant , moins éclatant & moins digéré ; mais, réciproquement, lorſque les vaiſ-ſeaux ſeront plus fermes & plus tendus , la chaleur du ſang ſera plus grande ; car dans les perſonnes d'une conſtitution robuſte & vigoureuſe , le ſang ſe trouve pouſſé avec plus de viteſſe à travers les vaiſſeaux capillaires plus tendus. De-là vient que l'on obſerve, dans ceux qui ſont de ce tempéra-ment, plus de chaleur & plus de force , & par conſéquent un ſang plus cuit & plus atténué ; mais

quand la chaleur s'élève jufqu'au degré de la fié-
vre, alors elle pourrit fouvent le fang.

39. Quoique, d'une part, nous ne puiffions pas
raifonnablement fuppofer qu'il y ait dans le fang,
en état de fanté, une force répulfive au degré qui
produit la fermentation ou l'effervefcence ; auffi,
d'autre part, il ne faut pas croire que ce foit une
liqueur morte & dans un état d'inertie ; car il n'eft
pas poffible que les parties d'un fluide qui eft
pourvu de principes fi actifs, ne foient dans un
état de vibration, quand il eft agité par des degrés
fi confidérables de frottement & de chaleur, ainfi
qu'eft le fang. Ces vibrations font retenues dans de
juftes limites, par le pouvoir attractif du foufre,
qui abonde dans le fang, au point que, nonobftant que nous prenions journellement & mêlions
avec notre fang une grande quantité de liqueurs
fermentées, ces vibrations font cependant reftrein-
tes à ne pouvoir porter le fang jufqu'au degré de
force répulfive qui fait la fermentation, bien qu'elles puiffent en augmenter l'effervefcence & la chaleur ; & quand on prend de ces liqueurs immo-
dérément, alors elles élèvent l'effervefcence du
fang jufqu'au degré de la chaleur fiévreufe, telle
qu'il faut plufieurs heures de temps avant qu'elle
foit abattue, & que le fang revienne à fa tempé-
rature naturelle.

40. Quand nous confidérons que tous les fer-
mens végétaux font principalement développés
par l'action & la réaction entre l'air & les parties
fulfureufes, & que ces principes dont le fang eft
pourvu, forment, dans un état de fixité, le tartre
de l'urine ; & fi l'on fe rappelle en même temps,
ce qui eft obfervé par les médecins, qu'un des

grands signes que la fièvre s'abat, c'est que l'urine dépose un sédiment rougeâtre & briqueté , c'est-à-dire le tartre ; n'avons-nous pas raison de conjecturer que ce même tartre, tandis qu'il étoit dans le sang dans son état d'élasticité , contribuoit à la chaleur de la fièvre ? & que cette chaleur s'abat, par conséquent, dans la même proportion que ces principes actifs sont entraînés dehors , ou réduits à un état de fixité propre à se laisser entraîner par les urines ou les autres évacuations ?

41. L'état parfait de la santé dans le sang, consiste en un juste équilibre entre ces principes actifs, de manière qu'ils ne soient pas trop fixés & concentrés d'une part, ce qui les feroit tendre vers l'acrimonie acide ; ni trop exaltés ou élevés de l'autre , ce qui les feroit tendre à l'acrimonie alkaline. Quand donc nous considérons par quelle innombrable combinaison de causes cet équilibre peut être dérangé , nous ne devons pas être surpris de ce que notre santé est si souvent interrompue , & que le période de la vie est aussi incertain que nous devons l'être de sa durée. Rien de plus admirable que de voir les parties organiques fixes de nos corps, qui sont d'un tissu si curieux & si délicat , tenir ferme si long-temps sans se déranger , ou même sans s'user ; mais le merveilleux augmente encore plus, quand on fait attention à la longue suite d'années durant lesquelles ce délicat équilibre ou balancement des forces entre les principes actifs du sang , & duquel dépend la santé, se maintient & se conserve , nonobstant plusieurs rudes assauts qu'il essuie de la part des mauvais alimens, de l'inclémence des saisons, & par dessus tout, de l'intempérance.

42. Lorsque, dans les maladies, le sang est si

groſſier ou ſi gluant, qu'il ne peut que difficilement paſſer à travers les plus petits vaiſſeaux capillaires, comme ſon mouvement eſt par-là fort
ralenti, il cauſe le friſſon qui a coutume de précéder la fièvre ou ſes accès; & comme on obſerve
que les liqueurs chaudes, telles que l'urine, &c.
deviennent plus troubles & dépoſent un ſédiment
à meſure qu'elles ſe refroidiſſent, & au contraire,
qu'elles réſorbent leur ſédiment & redeviennent
plus claires ſi elles ſont échauffées de nouveau ;
de même il eſt probable que, comme le ſang devient froid dans l'entrée de l'accès, ce même froid
peut être fort augmenté par l'état de trouble &
d'épaiſſiſſement qui augmente alors dans le ſang,
ſon mouvement ſe trouvant par-là d'autant plus
ralenti. Mais quand, après un certain temps, le
ſang ralenti, lequel ne trouvant pas un libre paſſage, s'eſt probablement accumulé dans les artères, au point d'être enfin pouſſé de force à travers
les vaiſſeaux capillaires, alors il acquiert, par un
frottement plus grand de ſes parties groſſières,
une chaleur brûlante; laquelle chaleur eſt pro-
longée à différens périodes de temps, proportionnellement à la quantité de la matière morbifique
& groſſière, juſqu'à ce qu'enfin elle ait été, ou
ſuffiſamment atténuée par les circulations réitérées
& par l'uſage des délayans, ou bien qu'elle cauſe
la mort.

43. Si, comme on l'a déja remarqué, le ſang
devient plus épais & plus trouble à meſure qu'il
ſe refroidit, on peut attribuer ces mêmes effets à
des ſaignées & des purgations faites mal-à-propos,
leſquelles rafraîchiſſant trop le ſang, peuvent oc-
caſionner le retour des accès de fièvre ; & il eſt
aiſé de voir qu'ils ſont une ſuite de ces évacua-

tions, quand le sang se trouve en même temps porté à la fièvre.

44. Un trop grand relâchement des vaisseaux capillaires contribue beaucoup au retour des accès ; car le sang acquérant par ce moyen, dans un temps déterminé, un trop grande viscosité, l'accès périodique qui devoit suivre se trouve par-là plus tôt rappelé.

45. Les particules tartareuses grossières, & qui forment la goutte, sont plus propres à s'arrêter & à causer des obstructions inflammatoires aux extrémités du corps, telles que les pieds & les mains, là où la force progressive du sang est diminuée, comme étant plus éloignée du cœur. Et quand ces humeurs se fixent en quelque endroit du tronc, elles s'arrêteront plutôt dans le tissu de l'estomac que dans celui des boyaux, parce que dans ce viscère les vaisseaux capillaires sont d'une longueur qui peut d'autant mieux ralentir le cours du sang, que la moitié de la circonférence de l'estomac est plus grande que celle des boyaux ; car les artères de l'estomac n'entrent pas dans ses parois par un côté seulement, ainsi que font celles des boyaux ; mais il reçoit le sang par des artères qui lui viennent, les unes de la partie supérieure, & d'autres de la partie inférieure ; & leurs branches convergentes s'anastomosent vers le milieu des faces de l'estomac. Sans cette précaution nécessaire, le mouvement du sang y auroit été nécessairement fort ralenti, s'il n'étoit entré dans les parois que par la petite courbure, ou seulement par la grande, parce que dans ce cas il auroit passé par des vaisseaux capillaires deux fois plus longs qu'ils ne le font.

46. Quand quelque matière grossière d'un ul-

cère retourne dans le cours de la circulation, d'abord en obſtruant les vaiſſeaux elle y cauſe un friſſon ; mais quand cette matière eſt pouſſée par la force de la circulation du ſang à travers les petits vaiſſeaux capillaires, il ſurvient alors une chaleur fiévreuſe, à cauſe des frottemens augmentés dans les vaiſſeaux.

47. Dans les cas d'hydropiſie, quand le ſang eſt appauvri & aqueux, le malade ſe plaint d'un grand froid, le ſang manquant de la quantité ſuffiſante de globules rouges pour donner de la chaleur ; laquelle cependant, par intervalles, augmentera juſqu'à l'ardeur fiévreuſe, faute d'une quantité convenable de ſéroſité fine, & à cauſe du retour de quelque humeur extravaſée & rancie dans le cours de la circulation.

48. De même auſſi, quand on a perdu une grande quantité de ſang, on eſt long-temps à réparer cette perte, & le malade ſe plaint toujours du froid, non-ſeulement parce qu'il n'y a pas aſſez de ſang pour être pouſſé vigoureuſement dans les vaiſſeaux capillaires, où, comme nous avons vu ci-devant, il rencontre le plus de réſiſtance, mais principalement parce qu'il n'y a pas une ſuffiſante quantité de globules rouges, propres à procurer un degré ſuffiſant de chaleur, & à conſerver par leurs pirouettemens innombrables, à la ſéroſité ou lymphe, ſa fluxilité ; car, s'il ne falloit qu'une quantité de liqueur quelconque pour ſuppléer au défaut du ſang, il y en auroit aſſez dans les artères & dans les veines quelque temps après chaque repas ; mais ces liqueurs ſeules ne peuvent pas nous dédommager de la perte du ſang : d'autre part, quand la ſéroſité du ſang eſt trop ténue ou affinée, les globules ont plus de tendance à ſe

coaguler ; car, plus un fluide eſt affiné, plus les particules douées d'attraction qui y nagent, ont d'aiſance à s'accrocher. Une trop grande proportion des globules du ſang, le rend au contraire propre à l'inflammation.

EXPÉRIENCE XIV.

Sur les Injections chaudes, & les Maladies qu'elles excitent.

1. QUAND j'eus vu à quelle hauteur le ſang s'élevoit dans les tubes fixés aux carotides de divers chiens, alors, ôtant le tube de verre, j'attachai ſur le champ au tube de cuivre fixé à la carotide, un autre tuyau qui avoit 4 pieds $\frac{1}{2}$ juſqu'au milieu de l'entonnoir placé à ſa partie ſupérieure. J'ouvris enſuite les deux jugulaires, & je verſai dans l'entonnoir, de l'eau dont la chaleur étoit égale à celle du ſang, laquelle couloit de la même hauteur qu'avoit coulé le ſang artériel dans le premier tube ; & étant ainſi pouſſée dans les artères du corps avec une force approchante de celle que le cœur imprime au ſang, elle étoit de-là portée avec le ſang veineux dans les jugulaires : le ſang qui en couloit étoit de plus en plus délayé par l'eau chaude, juſqu'à ce que l'animal périt ; après quoi il ne ſortit que peu d'eau des jugulaires. Quand la colonne d'eau étoit de 9 pieds $\frac{1}{2}$ dans le tube, le ſang couloit bien plus vîte par les jugulaires.

2. Les chiens mouroient conſtamment, quand leur ſang étoit fort délayé par l'eau ; d'où l'on voit que la liqueur qui remplit les artères n'eſt pas

indifférente pour la conſervation de la vie ; & il n'eſt pas ſurprenant que le flambeau de la vie s'obſcurciſſe, & ſoit prêt à s'éteindre à meſure que la qualité du ſang eſt altérée.

3. Il eſt à remarquer que le chien ſouffroit toujours beaucoup, auſſitôt que l'eau chaude pénétroit ſes artères & ſe mêloit avec le ſang ; d'où il ſuit que, ſi la boiſſon entroit tout-à-coup dans les artères, elle y produiroit des effets très-nuiſibles ; mais la nature y a pourvu, en la préparant par le mélange de diverſes liqueurs digeſtives, qui empêchent le ſang de s'épaiſſir.

4. Cette eau, ainſi mêlée avec le ſang, faiſoit d'ordinaire vomir le chien, ſur-tout quand elle couloit de 9 pieds $\frac{1}{2}$ de haut ; d'où il ſuit, que l'eau chaude qui eſt mêlée avec le ſang, excite dans les fibres muſculaires de l'eſtomac les mêmes convulſions que lorſqu'elle eſt priſe intérieurement : dans lequel cas il n'y a perſonne qui ne ſache qu'elle occaſionne des nauſées & des vomiſſemens ; ce qui eſt un argument probable qu'une partie de l'eau s'inſinue hors la cavité de l'eſtomac entre les fibres muſculaires.

5. Cette eau fait le même effet ſur les autres muſcles du corps ; car, quand elle les pénètre, le chien meurt 2 & 3 minutes après, & ſes muſcles entrent alors en convulſion durant quelques minutes.

6. Si l'on continue de verſer de l'eau chaude dans l'artère pendant demi-heure, tout le corps du chien s'enfle de plus en plus, & il devient hydropique, aſcite & anaſarque ; les glandes ſalivaires, de même que les autres, s'enflent beaucoup ; une humeur viſqueuſe coule du muſeau & du nez ; toutes les veſſies adipeuſes du corps, comme cel-

les des mamelles, font imbibées & enflées d'eau, ainfi que les mufcles & leur enveloppe graiffeufe; quelques-uns en étoient devenus blancs. Tout cela étoit produit par la force de l'eau, égale à peu près à celle du fang dans fon état naturel.

7. Il eft probable que ce n'étoit pas la rupture des vaiffeaux qui donnoit lieu à cette inondation générale ; mais l'eau pouvoit paffer aifément à travers des pores & des conduits fécrétoires affez fubtils pour que le fang , dans le cours ordinaire de la circulation, ne puiffe s'y introduire , mais qui donnent cependant paffage à des liqueurs atténuées & délayées dans une proportion convenable. Nous voyons de même que, quand l'eau coule librement dans les conduits des glandes falivaires, elle en fait dégorger la falive plus copieufement, laquelle, en l'état naturel, ne fe féparant que lentement, ne fe dégorge auffi que très-doucement.

8. Mais quand le tuyau , d'où l'eau couloit dans les artères , étoit haut de 9 pieds $\frac{1}{2}$, elle avoit alors affez de force pour entraîner quelque peu de fang dans les conduits falivaires & dans quelques cellules adipeufes du corps, ainfi que dans la cavité des boyaux ; il n'y avoit pas la moitié autant d'eau dans l'eftomac & les boyaux , & même dans l'abdomen, qu'il y en auroit eu fi l'abdomen avoit été ouvert. D'où nous voyons que la compreffion que font les eaux des hydropiques fur l'eftomac & les boyaux , retarde la fécrétion des liqueurs ; ce qui appauvrit le fang , & le prive d'un fuc qui doit fe mêler avec le chyle pour repaffer dans le fang. L'embarras des glandes falivaires produit de même la foif qui tourmente les hydropiques.

9. Souvent, quand le chien mouroit par le dé-
layement de fon fang, décrit ci-deffus n°. 1, j'ai
effayé, durant que tout étoit encore chaud, d'ouvrir tout de fuite l'abdomen & la poitrine, & de
fixer à l'aorte au deffous du cœur, un tube au travers duquel l'eau couloit librement. Je continuois
cela plus ou moins de temps, fuivant les vues que
j'avois ; & alors, toute l'eau coulant à travers les
artères, j'ai eu foin de conferver la chaleur de
l'animal par le moyen de l'eau chaude & des linges
chauds, quelquefois même en le plongeant dans
cette eau.

10. Quoique, durant ce temps, l'eau pouffée
avec une force égale à celle du fang artériel eût
pris la place de ce fang, il n'en paffoit pourtant
point ni à travers les reins, qui étoient fort diften-
dus, ni dans la cavité de la veffie ; ce qui fait voir
qu'il n'y a point de vaiffeaux lymphatiques qui
s'ouvrent dans fa cavité : cependant les vaiffeaux
fanguins de la veffie étoient bien remplis d'eau ;
ce qui prouve qu'il n'y a pas d'autre chemin à la
boiffon, pour aller à la veffie, que celui des reins
& des uretères. Le libre paffage du chyle dans les
veines méfentériques, & la viteffe avec laquelle
le fang circule, peut donner une raifon fatisfai-
fante du prompt effet que divers fluides produifent fur l'urine, peu de temps après qu'on en
a bu.

11. Le foie devenoit peu à peu moins rouge &
plus pâle, mais toujours il étoit enflé & fort dur ;
l'eau ne paffoit pas à travers ce vifcère dans la
veine-cave. La véficule du fiel étoit conftamment
diftendue, & fi pleine, qu'elle fe déchargeoit dans
les boyaux. Le pancréas étoit plein d'eau, ainfi
que la rate, qui étoit rarement enflée, mais qui

étoit auffi bien lavée de fang que fi l'on avoit voulu l'injecter d'une liqueur colorée.

14. J'ai ouvert, felon leur longueur, 4 ou 5 pouces de boyau, au côté oppofé à l'attache du méfentère; & j'avois beau en effuyer la furface interne avec une éponge, l'eau en fortoit toujours & fe ramaffoit dans le boyau, quand, en le ferrant, j'en formois un petit réfervoir.

13. Dans un autre chien, dont les boyaux n'étoient point coupés, la quantité d'eau qui y couloit dans un certain temps étoit fi confidérable, qu'elle les enfloit, & faifoit même éclater l'eftomac; d'où l'on voit avec combien de facilité la partie la plus déliée du fang peut couler dans la cavité des inteftins & du ventricule, comme cela arrive effectivement dans les animaux vivans. Une grande quantité de cette liqueur fe féparant auffi dans la cavité des vifcères, la maffe du fang doit s'en reffentir toutes les fois que ces fécrétions font trop abondantes, & elles nuifent au fang par de trop grandes évacuations; d'un autre côté, quand elles ne font pas affez copieufes, ou qu'on les arrête trop foudainement, elles caufent de la douleur à la tête & aux poumons, & occafionnent fouvent de la fièvre.

14. Il eft fort ordinaire aux grands buveurs de fe trouver mal, à caufe des grands écoulemens de ces férofités dans leurs ventricules, auxquels ils ont donné lieu par la trop grande quantité de liqueur qu'ils ont bue, laquelle, en furchargeant le fang, doit procurer néceffairement une fécrétion plus abondante qu'à l'ordinaire dans leur eftomac, ce dont ils fe plaignent ordinairement tous les matins : d'où ils concluent promptement qu'ils ont l'eftomac très-froid; & ils manquent rarement

de l'échauffer encore, en fe prefcrivant pour re-mède une dofe copieufe de quelque liqueur agréa-ble; concluant ingénieufement, avec certains phi-lofophes, que parce que leur façon de vivre eft plus du goût de la nature dépravée, elle doit être la meilleure, quoique réellement elle doive aug-menter leur maladie.

15. Pendant que le tube étoit ainfi fixé à l'aorte defcendante, & que l'eau couloit toujours, je coupai en deux la veine-porte qui ramène au foie le fang du ventricule & des inteftins. Le fang le plus délayé qu'elle contenoit, ne trouvant pas un libre paffage à travers le foie, fortoit de la veine avec impétuofité; mais enfuite, l'eau qui venoit des artères méfentériques s'écouloit de la veine-porte, dans la raifon feulement d'un demi-pouce cubique en quarante fecondes de temps, ne paf-fant pas librement des artères dans les veines.

16. Quand j'ai fixé le tube ci-deffus mentionné à la veine-porte d'un autre chien, dans le deffein de faire paffer l'eau de fa cavité jufqu'aux intef-tins, ayant alors ouvert une portion du boyau, comme je l'ai dit au n°. 12, j'ai trouvé que l'eau dégouttoit abondamment au travers de la paroi mu-queufe dans le canal inteftinal; d'où nous voyons qu'il y a un paffage libre au chyle, de la cavité des inteftins dans les veines méfentériques.

17. Cependant, lorfque le tube étoit fixé d'une façon contraire, c'eft-à-dire à la cavité de l'intef-tin, & que j'y verfois de l'eau tiède, cette eau ne pouvoit paffer dans les veines, quoique la colonne d'eau preffante à leur orifice fût de différentes longueurs, depuis 1 jufqu'à 9 pieds $\frac{1}{2}$ de hauteur: cet empêchement étoit produit par les valvules conniventes qui couvrent les embouchures de ces

vaiſſeaux capillaires, & qui, s'inſérant obliquement dans les inteſtins, avoient leurs orifices comprimés par cette eau. Sans cette ſage précaution, les parties groſſières & nuiſibles contenues dans les matières qui rempliſſent les inteſtins, euſſent pu pénétrer au travers de ces veines & des vaiſſeaux lactées, juſque dans l'habitude du corps, & cela, en plus grande quantité, quand les boyaux ſe ſeroient trouvés plus diſtendus, ou par les alimens, ou par des vents. La force du ſang dans les veines n'étant pas plus de $\frac{1}{10}$ ou $\frac{1}{12}$ de celle qu'il a dans les artères, & leur nombre & leur capacité étant beaucoup plus conſidérables, elles ſont par cette raiſon plus propres à abſorber le chyle des inteſtins, dont le mouvement périſtaltique, joint aux dilatations alternatives des artères, aux dilatations & relâchemens ſucceſſifs du diaphragme & des muſcles abdominaux, peut contribuer beaucoup à le faire avancer; mais quand, à cauſe de quelques obſtructions, le cours libre du ſang dans le foie eſt retardé, ce fluide devant par cette raiſon s'accumuler davantage dans les veines méſentériques & dans la veine-porte, l'abſorption du chyle qui ſe fait par ces vaiſſeaux eſt non-ſeulement diminuée proportionnellement, mais encore la vélocité avec laquelle le ſang paſſeroit au travers des artères méſentériques & des parois des inteſtins étant retardée, les inteſtins ſeront ſujets à pluſieurs autres dérangemens.

18. Il paroît, par la quatorzième expérience, que les ſécrétions, qui diffèrent entre elles ſuivant la différente texture de leurs vaiſſeaux ſécrétoires, & qui ſont ſéparées du ſang artériel en traverſant des vaiſſeaux plus ſubtils que les plus déliées artères qui ſervent à la circulation, ne ſe font

point avec toute la force du sang artériel ; car si
cela étoit, tous les vaisseaux sécrétoires & les glandes s'enfleroient, comme il arrive lorsque l'on fait
l'expérience avec de l'eau ; comme il arrive aussi
dans les cas d'hydropisie, lorsque la sérosité du sang
qui est fort abondante s'en sépare trop facilement.
Ces sécrétions doivent se faire par conséquent lentement & par degrés, de façon que les liqueurs
soient poussées dans ces petits vaisseaux par la force
impulsive du fluide artériel, & par la puissance at-
tractrice des vaisseaux sécrétoires : ajoutez à ces
forces l'action mutuelle des fluides & des solides
du corps, ce qui produit un état continuel de vibration. De cette manière, il n'est point de doute
que les plus abondantes sécrétions se fassent dans
l'estomac & dans les intestins, de même que dans
le pancréas, les glandes méséntériques, les saliva-
les & autres glandes du corps humain. C'est ainsi
pareillement que la matière de l'insensible transpiration est chassée non-seulement par la force du
fluide artériel, mais aussi par la chaleur, & les
vibrations réciproques des fluides & des solides ;
& quand, par le travail ou par quelque autre violent exercice, la vélocité du sang est augmentée,
& par conséquent sa chaleur, alors non-seulement
sa force, mais de plus les vibrations des fluides
& des solides étant augmentées par ce moyen, la
transpiration est augmentée aussi jusqu'à passer
sous une forme sensible au travers des pores qui
font dilatés par la chaleur, comme il est prouvé
par l'expérience suivante.

EXPÉRIENCE XV.

Sur l'effet des Liqueurs froides & des chaudes injectées.

1. CES expériences hydrauliques servent à connoître la force du sang, la résistance qu'il rencontre à surmonter, sur-tout dans les plus petits tuyaux ; elles nous serviront encore à connoître l'effet de différentes liqueurs chaudes, froides, astringentes, &c. sur le corps humain.

2. Car, puisque la santé consiste dans l'équilibre entre les fluides & les solides, de façon que le vice des solides entraîne celui des fluides avec soi, il sera fort utile de voir quels effets opèrent sur eux les différentes liqueurs, soit en les resserrant, soit en les relâchant ; ce qui servira à affermir & à éclaircir les principes de la médecine.

3. J'ai pris un jeune épagneul, pesant 21 livres ; & aussitôt qu'il a été mort de la saignée à la jugulaire, j'ai ouvert la poitrine & l'abdomen, & fixé à l'aorte descendante un tuyau de verre de 4 pieds $\frac{1}{2}$ de hauteur ; & ayant fendu d'un bout à l'autre ses boyaux, comme en l'Expérience $1X^e$, je les ai arrosés d'eau chaude, & recouverts aussi d'un drap de laine trempé dans la même eau ; alors j'ai versé par un entonnoir dans ce tube, de l'eau chaude : cette eau s'étant arrêtée à la marque au bas de l'entonnoir de verre, j'y ai versé dessus dix-huit pouces cubes d'eau chaude d'un pot qui contenoit précisément cette mesure. Je mesurois le temps que l'eau mettoit à passer à travers les petits vaisseaux, au moyen d'une pendule à secondes.

4. J'ai d'abord rempli d'eau chaude sept pots ; le premier passa en 52 secondes ; les autres six passèrent en moins de temps, jusqu'au dernier qui passa en 42 secondes.

5. Alors je versai dans 5 pots de l'eau-de-vie commune, ou esprit d'orge non rectifié ; le premier passa en 68 secondes, & le dernier en 72.

6. Je versai ensuite un pot d'eau chaude qui passa en 54 secondes.

7. D'où il est clair que l'eau-de-vie resserre les artérioles des boyaux, & que l'eau chaude les relâche ensuite, en délayant & chassant les parties spiritueuses de l'eau-de-vie, lesquelles, comme tout le monde sait, non-seulement contractent les vaisseaux, mais épaississent encore le sang & les humeurs, &, par ce double effet, contribuent à la chaleur soudaine de ces fluides, en augmentant leur frottement dans les vaisseaux capillaires plus contractés. Cette chaleur est encore plus augmentée par le simple mélange de l'eau-de-vie avec le sang, comme M. Boerhaave le remarque dans ses *Elémens de Chimie, vol. I, pag. 366.* Si l'on mêle de l'eau froide & de l'esprit-de-vin, ce mélange acquiert aussitôt huit degrés de chaleur, de façon qu'il fait élever le mercure depuis le quarante-quatre jusqu'au cinquante-deuxième degré dans le thermomètre de Fahrenheit : quelquefois aussi la chaleur d'un mélange semblable fait monter le mercure à cinquante-trois degrés ; mais elle cesse bientôt, de même que la chaleur soudaine qu'il communique au sang. C'est ce qui fait que les infortunés buveurs d'eau-de-vie & d'autres liqueurs distillées, ont une soif si démesurée de temps à autre, qui les porte à boire encore de ces liqueurs funestes, lesquelles, en échauffant leur

sang

fang & contractant souvent leurs vaisseaux sanguins, les réduisent enfin à un tel degré de froid
& de relâchement, que ces malheureux sont entraînés impétueusement vers ces boissons spiritueuses, espérant y trouver leur soulagement, quoiqu'ils ne sachent que trop, par leur propre expérience & par la mort de mille personnes, combien
elles sont pernicieuses & mortelles ; & qu'ils n'i-
gnorent pas que l'abus qu'on en fait, les rend le
poison le plus général & le plus funeste au genre
humain (1).

(1) L'action des médicamens échauffans ne me paroît
pas encore bien dévelopée. La chaleur, comme l'a démontré M. Herman, *App. ad Phoronom.* est dans la raison composée du nombre des particules ignées, & du
quarré de leur vélocité : & par la même raison, dans les
corps qui ont d'égales quantités de particules ignées, mais
engourdies, la chaleur qu'on excite par le frottement est
en raison composée de la simple de la densité, & de la
doublée de la vélocité des corps frottés.

Ces principes étant posés, il est aisé de voir que les
sels alkalis fixes & volatils qui sont chargés de feu, que
les huiles adustes, les esprits sulfureux, & toutes les
préparations chimiques faites à un feu ou long ou violent, & qui s'en sont chargées, prises intérieurement ex-
citeront la chaleur. Il est encore évident que les autres
substances qui peuvent exciter des effervescences, fermentations & putréfactions dans le corps, y peuvent aussi
exciter quelque degré de chaleur, mais qui sera fort pas-
sagère & bien peu considérable : ainsi l'esprit-de-vin, le
vin blanc mêlés avec l'eau, excitent une chaleur momen-
tanée d'un degré ou environ : l'esprit-de-vin rectifié, &
les esprits acides minéraux, mêlés avec l'urine, augmentent aussi la chaleur de 4 ou 5 degrés ; mais il ne faut
compter cela pour rien, & ce n'est pas à dire que pris intérieurement ils produisissent le même effet : il y a toute
apparence qu'ils produisent le contraire ; car, de ce que
l'esprit de nitre, mêlé avec le sel d'urine, excite une cha-

8. * Quand je verfois dans les boyaux de l'eau qui étoit froide au 14ᵉ degré au deffus du point de congélation, & que j'en verfois dans le même

---

leur depuis le degré 43 jufqu'au degré 60, il ne s'enfuit pas que ce même efprit de nitre verfé fur de la glace qui enveloppe un thermomètre, ne produife le plus grand degré de froid que les Lapons aient jamais fenti, favoir, le degré 37 au-deffous du point de la congélation, au thermomètre de M. de Réaumur. (*Voyez* les expériences de M. Boerhaave fur la chaleur, & celles de l'Académie de Florence.) L'expérience feule nous doit diriger pour connoître quel remède échauffe & quel rafraîchit, l'expérience, dis-je, faite fur les corps vivans eux-mêmes.

Mais pour ce qui regarde la chaleur qui provient du frottement intérieur des fluides & des folides, je ne fuis en aucune manière de l'avis de ceux qui penfent que ces frottemens augmentent mécaniquement à raifon des obftructions, ou, ce qui revient au même, du froncement des vaiffeaux. On fait par expérience, que la boiffon glacée fronce les vaiffeaux, arrête la circulation, & occafionne des inflammations ou chaleurs brûlantes des vifcères : les phyficiens expliquent cela communément par ce fameux principe erronné, que les viteffes des liqueurs pouffées par les mêmes forces, augmentent à mefure que leur paffage fe rétrécit : or. la chaleur augmente comme les quarrés de ces viteffes : donc, &c. Mais le principe a été démontré faux par M. Boyle, *Phyfique* ; par M. Bernoulli, *Difcours fur le choc des corps* ; par M. Pittot, *Mémoire fur les Pompes, Mémoires de l'Académie 1732* ; & les conféquences n'en peuvent être que fauffes. Il eft vrai que l'obftruction étant pofée, la preffion continue fur les parois des vaiffeaux eft plus grande, (*Voyez* les remarques fur l'Expérience IXᵉ) ; mais la viteffe de laquelle le frottement dépend, non-feulement n'augmente pas mécaniquement, mais même devient moindre, à moins d'une force nouvelle qui y foit appliquée.

* Dans l'original anglois, on a omis le Nᵒ. 8 ; & les Nᵒˢ. marqués ici 8, 9, 10, répondent aux Nᵒˢ. 9, 10 & 11 de l'original anglois.

temps, par le moyen d'un entonnoir, dans les artères, les extrémités des vaisseaux se contrac-toient si fort tout d'un coup, que le quatrième pot d'eau froide employoit 80″ de plus à les tra-verser, que n'avoit fait une égale quantité d'eau chaude un peu auparavant. Ayant ensuite jeté un cinquième pot d'eau chaude, qui communiquoit sa chaleur aux boyaux, l'eau passa 77 secondes plus vîte que n'avoit fait le pot d'eau froide qui l'avoit précédé (1).

(1) La chaleur dilate les fluides & les solides, quand elle ne passe point le degré de l'eau bouillante; & elle augmente ainsi les sécrétions, facilite le passage des li-queurs à travers les plus petits vaisseaux. Pour bien con-cevoir comment cette dilatation des vaisseaux se fait, il faut considérer que ces vaisseaux sont composés de fibres circulaires, & de plusieurs lames parallèles. Si la chaleur n'écartoit les fibrilles que selon le diamètre du vaisseau, ou ne faisoit que gonfler les lames ou tuniques, la cavité du vaisseau en seroit rétrécie, & le sang traverseroit plus difficilement; mais elle écarte aussi ces fibrilles selon des tangentes au vaisseau, c'est-à-dire, elle alonge les fibres circulaires, & le diamètre augmente proportionnellement à cet alongement, ou toujours il augmente du tiers de cet alongement; & comme le calibre du vaisseau croît comme les quarrés des diamètres, & que l'alongement des fibres est à leur renflement latéral, à-peu-près comme leur longueur est à leur épaisseur, c'est-à-dire, de beaucoup plus grand; il s'ensuit que quoique le renflement latéral doive rétrécir le vaisseau, l'alongement qui se fait dans le même temps le dilate dans une bien plus grande rai-son; car, mettons que l'épaisseur des 5 lames qui compo-sent les boyaux soit, dans l'état naturel, à la périphérie ou à la longueur des fibres circulaires, comme 2 lignes à 30 lignes, le calibre intérieur sera comme le quarré de 10 ou 100. A présent, que l'épaisseur augmente de 2 li-gnes, une en dedans l'autre en dehors, le calibre inté-rieur sera comme le quarré de 8 ou 64, & par-là sera

9. De-là on peut voir clairement combien le chaud & le froid dilatent ou contractent les pores

---

diminué. Mais la chaleur alongeant les fibres circulaires proportionnellement à leur longueur 30, elles deviendront doubles en longueur ou 60 ; & le diamètre étant supposé un tiers de la périphérie, le calibre sera, à raison de cet alongement, comme le quarré de 20 ou 400. Ainsi ces deux causes agissant ensemble en sens contraires, si l'on retranche les mouvemens qui se détruisent, c'est-à-dire, 36 de 400, on aura le calibre de 364, au lieu de 100 qu'il étoit d'abord. Si de même on a un anneau de fer, dans lequel un cylindre de fer froid passe tout juste ; si l'on fait chauffer l'anneau, quoique son épaisseur augmente en dedans & en dehors, le cylindre froid, & même fût-il chaud, y passera bien plus librement, comme l'a observé M. Musschenbroeck, *Essais de Physique.*

Une autre raison pour laquelle les fluides chauds passent plus vite que les froids, c'est qu'ils ont moins de viscosité, comme il conste par les expériences que nous en avons rapportées, Notes sur la IXe Expérience, n. 8 ; car la chaleur, comme le remarque le grand philosophe Newton, *Quest. optiq.* n. 31, diminue la résistance des fluides qui provient de leur cohésion, quoiqu'elle ne diminue pas celle qui provient de leur densité. La boisson d'eau chaude fournit donc un excellent remède, qui facilite la circulation par deux moyens, savoir, en dilatant les vaisseaux, & en délayant les fluides ; on n'a pas même à craindre que cette dilatation ne se faisant qu'en un seul endroit, ne donne occasion à des compressions inégales ; car la chaleur se répand à la ronde, & se distribue dans les corps en raison des masses, de même que l'air élastique se distribue dans un récipient, & le sel qui se dissout se répand dans l'eau. La chaleur d'un seul viscère devient donc bientôt commune à tous ; à la surface du corps, tout s'enfle ; les veines de la main, resserrées auparavant, se rendent visibles ; & si les yeux n'apperçoivent pas l'augmentation de circonférence dans les membres, c'est parce que les augmentations des corps de différent volume, par une même quantité, font en raison réciproque des volumes, insensibles dans les grosses parties, sensibles dans les petites. La fraîcheur

de notre corps ; ce qui doit par conséquent avoir un effet proportionné sur l'insensible transpiration, qui est une évacuation si importante. C'est de cette façon que les bains chauds augmentent l'insensible transpiration, & que les vapeurs d'un air froid & les vents de nord-est la retardent en resserrant les pores, quand même la chaleur intérieure demeureroit la même. D'un autre côté, quand le sang est froid, comme dans les hydropisies, la transpiration sera beaucoup diminuée par le défaut de

---

de l'air externe modère cette chaleur & ses effets ; la transpiration plus ou moins grande qui suit cette chaleur, diminue & modifie ce renflement : car ce renflement est en raison composée de la chaleur directement, & de la perte ou transpiration qu'elle excite réciproquement. C'est pourquoi certains corps, au lieu d'augmenter de volume par la chaleur, en diminuent, par la grande évaporation qu'ils souffrent, comme la boue, les linges qu'on expose au soleil à sécher. La même cause simple, produit toujours le même effet simple : les rayons lumineux ébranlent, frappent, échauffent un morceau de poix, & un de boue : l'évaporation de l'humidité de celle-ci & son dessèchement, la dissolution ou fusion de l'autre, sont des effets différens, mais ne sont pas les effets simples des rayons du soleil ou de la chaleur ; il faut en chercher la cause parmi celles de la dureté & celles de la fluidité, lesquelles en sont indépendantes. Ce qui soit dit en passant contre ces Philosophes qui, pour mettre leurs sentimens erronés à l'abri du jour de la vérité, veulent obscurcir les axiomes les plus lumineux, tels que celui qui porte que *les effets* entiers *sont égaux & proportionnels à leurs causes* entières. Si l'on parvient à anéantir & invalider cet axiome, ce qu'on ne pourra faire que dans l'esprit des plus foibles commençans, c'en est fait de tout principe de physique & de mécanique : on a beau dire que c'est un vieux dicton de l'école Péripatéticienne ; c'est sur ce dicton que MM. Mariotte, Varignon, Herman, &c. ont établi leurs plus belles démonstrations.

I iij

haleur interne, quoique les pores soient plus
elâchés. Cependant, dans les fièvres ardentes,
quand, à raison de la grande chaleur, les pores
s'ouvriroient, il n'y auroit ni plus ni moins que
fort peu de transpiration, parce que l'état d'épaississement où se trouve alors le sang, empêche la
sécrétion de cette humeur insensible, de même que
celle des autres sécrétions glanduleuses, en obstruant, pour ainsi dire, les vaisseaux sécrétoires.

10. Quand, immédiatement après l'eau tiède,
on versoit dans les artères trois pots d'eau, si
chaude que l'on avoit de la peine à la tenir sur
la main, le troisième pot passoit en trente fois
moins de temps que la précédente eau tiède ; &
l'eau du pot que l'on versoit ensuite, étant beaucoup plus chaude, passoit dix-huit fois plus vîte
que l'autre. On faisoit couler dans le même temps
de l'eau chaude dans les intestins.

EXPÉRIENCE XVI,

Sur les Remèdes astringens.

1. J'ai fait une forte décoction de quinquina, en
en faisant bouillir une livre dans 12 pintes d'eau,
jusqu'à ce qu'elle fût réduite aux $\frac{2}{3}$; quand elle
fut refroidie, je la filtrai plusieurs fois au travers
d'un sac de flanelle. Le jour suivant je préparai &
je coupai les boyaux d'une petite chienne, comme dans l'expérience précédente.

2. Je versai d'abord dans un tube, qui étoit fixé
à l'aorte, quatre pots d'eau chaude contenant chacun huit pouces cubiques de liqueur ; le dernier
passa en 62'' de temps. Je versai ensuite successi-

vement seize pots de la décoction aussi chaude, le premier desquels passa dans 72″: les suivans employèrent un temps plus long à passer, à proportion que les vaisseaux se contractoient davantage par la vertu astringente de la décoction ; de manière que le 16ᵉ pot ne s'écoula que dans l'espace de 224″.

3. Je versai ensuite onze pots d'eau aussi chaude que la décoction ; le premier passa en 198″, & les suivans coulèrent plus vîte à proportion que la décoction s'affoiblissoit, & que les vaisseaux capillaires étoient par conséquent relâchés par l'eau ; de façon que le 8ᵉ pot passa en 96″ ; après quoi les trois autres passèrent dans le même temps, les vaisseaux ne s'étant pas relâchés davantage. On ne devoit pas espérer que cette eau les relâchât jusqu'à pouvoir s'écouler dans l'espace de 62″, comme avoit fait le quatrième pot d'eau dans cette expérience ; car j'ai toujours éprouvé qu'en continuant long-temps à verser de l'eau, les vaisseaux devenoient de plus en plus étroits, étant comprimés par l'eau qui s'insinuoit dans tout le tissu des parois intestinales, & qui les rendoit plus épaisses qu'elles ne l'étoient d'abord : ce qui fait voir que la constriction des vaisseaux ne pouvoit être diminuée par l'affusion d'eau chaude, que dans la proportion que l'on a observée dans l'expérience précédente ; au lieu que la constriction des vaisseaux due à la vertu styptique de la liqueur, comme nous l'avons vu par cette expérience & les autres, étoit évidemment enlevée par la qualité laxative de l'eau qui entraînoit les parties astringentes.

4. J'ai versé ensuite successivement cinq pots d'eau froide de 14 degrés au dessus du point de la congélation ; &, au lieu que les précédens pots

d'eau chaude étoient passés en 96″, le cinquième pot de cette eau froide ne coula que dans 136″.

5. J'ai fait sur un autre chien une épreuve semblable, avec la décoction d'écorce de chêne : le premier pot d'eau chaude couloit dans 38″; mais les six pots suivans de décoction contractèrent si fort les vaisseaux, que le dernier ne sortit que dans 136″.

REMARQUES. En supposant que les liqueurs passent aussi vîte par les petits tuyaux que par les gros, les restes étant égaux, les temps que des liqueurs emploient à passer à travers les mêmes vaisseaux, tantôt dilatés, tantôt rétrécis, sont en raison réciproque de leurs calibres. Or, M. Hales remarque que de 16 mesures de liqueur astringente, versées dans l'aorte de cette chienne, la 1re passa en 72″; les autres en employèrent successivement davantage, ce qui formoit une progression dont le 16e terme fut 234. Nommant le 1er terme $a = 1$, le nombre $n = 16$, le dernier terme x, la différence d, sera $d = \dfrac{x - a}{n - 1}$: ainsi la première mesure passa en 27 secondes, la 2e en $82\frac{2}{15}$, la 3e en $92\frac{2}{15}$, & ainsi des autres : donc les calibres alloient en se rétrécissant dans la même progression que ces nombres; & pour savoir combien de temps mettent les vaisseaux à se resserrer ainsi du triple, il n'y a qu'à trouver la somme des secondes employées, 3.

Or, $3 = \dfrac{an + nx}{2} = 2368$ secondes, ou environ 40.

Toutes ces expériences, ainsi que les suivantes, sont d'une utilité infinie pour connoître non-seulement les vertus des médicamens laxatifs & celles des styptiques, mais même pour les mesurer assez juste. Je ne désespère pas que des médecins zélés pour les progrès de leur art, ne veuillent en faire de pareilles sur les différentes classes de médicamens ; c'est-là l'unique voie pour porter la médecine pratique au point des sciences physico-mathématiques.

EXPÉRIENCE XVII.

Sur les Remèdes stomachiques.

1. Ayant préparé une décoction de douze onces de fleurs de camomille, que je fis bouillir dans 12 pintes d'eau jusqu'à diminution d'un tiers; je versai cette eau, dont la chaleur étoit égale à celle du sang, à travers les artères des intestins que l'on avoit coupés à un gros épagneul; je reconnus par la vitesse avec laquelle les quatre premiers pots s'écoulèrent, qu'il y avoit une grosse branche artérielle coupée par accident; j'y remédiai en la liant, après quoi je versai successivement onze pots de décoction : le premier passa en 96″, le dernier en 138″; ensorte qu'il y avoit quelque degré de stypticité dans la décoction. J'oubliai, par inadvertance, de faire couler avant la décoction quelques pots d'eau chaude; par ce moyen, l'on auroit pu approcher de plus près de la connoissance de la vertu styptique.

2. Je versai, après la décoction, quatre pots d'eau fort chaude, dont le dernier s'écoula en 116″.

3. Je versai ensuite six pots de décoction de canelle, lesquels contractèrent les vaisseaux graduellement, de façon que le dernier ne passa qu'en 216″. Nous voyons, par cette expérience, combien la canelle est propre, par sa grande stypticité, à arrêter les trop grands écoulemens d'humeurs dans la cavité des intestins.

4. Un pot de petit-lait tiède passa ensuite dans 15 secondes.

5. Après lequel un pot de décoction fort chaude de fleurs de camomille, paſſa dans 194″; ce qui montre encore plus ſa vertu aſtringente.

EXPÉRIENCE XVII.

Sur divers Remèdes.

1. AYANT préparé les inteſtins d'un chien, de la même façon que dans les trois expériences précédentes, je verſai dans les artères douze pots d'eau chaude, le premier deſquels paſſa en 68″; les ſuivans s'écoulèrent toujours plus vîte juſqu'aux quatre derniers, qui paſſèrent en 38″.

2. Je fis couler encore dix-ſept pots d'eau de Pyrmont également chaude; le premier s'écoula dans 40″; les pots ſuivans employèrent ſucceſſivement plus de temps juſqu'au dix-ſeptième, qui paſſa en 76″.

3. Je verſai enſuite dix pots d'eau chaude, qui, relâchant par degrés les artères capillaires, paſſoient un peu plus vîte, en augmentant leur viteſſe par degrés juſqu'au dernier, qui paſſa en 64″.

4. Nous voyons, par les précédentes expériences, les effets des liqueurs de différentes qualités ſur les vaiſſeaux du corps, & ſur-tout ſur les plus déliés, dont les parois ont un plus grand rapport avec les liqueurs qui y ſont contenues, que les grands vaiſſeaux n'ont avec leurs liqueurs. Cependant ces effets ne doivent pas être ſi grands dans les animaux vivans, parce que les liqueurs qui y entrent ſont modifiées par des mélanges & des digeſtions dans les premières voies.

5. Il eſt probable que ce qui reſſerre les vaiſ-

feaux en un certain degré , fait auſſi croître proportionnellement la force du ſang artériel & celle
de l'animal ; car, puiſque les petits vaiſſeaux ſont
reſſerrés, il faut une plus grande force pour pouſſer
à travers, une égale quantité de ſang dans le même
temps ; c'eſt pourquoi , devant s'accumuler dans
les artères, & étant pouſſé avec plus de force par
des canaux plus étroits , il doit y ſouffrir de plus
grands frottemens, s'échauffer & s'atténuer. C'eſt
par ce moyen que les amers , comme les fleurs
de camomille , le quinquina, produiſent des changemens avantageux au ſang, & corrigent ſes mau-
vaiſes qualités par une vertu de menſtrue : ainſi ,
le quinquina produit un double avantage , ſoit en
reſſerrant les vaiſſeaux , ſoit de plus en diſſolvant
le ſang ; ce qu'on obſerve lorſqu'on le mêle avec
du ſang extravaſé : ainſi les martiaux , qui ſont
ſtyptiques , atténuent le ſang : de même auſſi les
atténuans ſtyptiques corrigent les vins gras , en en
précipitant le tartre.

6. La chaleur ſoudaine que l'eau-de-vie excite
en nous , ne vient pas ſeulement de la chaleur
qu'elle produit avec le ſang, dont elle eſt un menſtrue , ainſi qu'il arrive quand elle eſt mêlée avec
l'eau froide ; mais encore de ce qu'elle reſſerre
les vaiſſeaux & épaiſſit le ſang , ce qui cauſe une
plus grande réſiſtance , & par conſéquent un plus
grand frottement entre le ſang & les vaiſſeaux
condenſés, ce qui doit produire une plus grande
chaleur. D'où il ſuit que les vaiſſeaux ſanguins du
cerveau , étant dilatés par les liqueurs ſpiritueu-
ſes, & s'y faiſant en conſéquence de plus copieuſes
ſécrétions, l'ivreſſe & le ſommeil ſurviennent. Le
quinquina , qui peut-être reſſerre les vaiſſeaux
autant que l'eau-de-vie , n'échauffe pas ſi ſoudai-

nement le sang ; cependant, si on le donne durant le paroxysme de la fièvre, il la prolonge, l'augmente, & en allume davantage le feu (1).

(1) Si dans une machine hydraulique, comme un corps de pompe, on vient à augmenter les résistances, par le rétrécissement des tuyaux, des orifices, ou par l'épaississement des liqueurs qui y doivent couler, il faut de toute nécessité, ou que la force mouvante appliquée au piston augmente, ou que la vitesse du jeu de la machine diminue ; car les vitesses des corps mus par les mêmes forces, sont réciproques aux racines des résistances qu'elles rencontrent.

Si les liqueurs spiritueuses ou autres, resserrent les fibres, les condensent, en faisant approcher deux fois, trois fois plus les fibrilles primitives les unes des autres, les fibres, soit longitudinales, soit circulaires, en deviendront deux fois, trois fois plus courtes ; & comme les diamètres diminuent dans le même rapport que les circonférences, & les cylindres ou leurs calibres dans la raison doublée de leur diamètre, ces calibres en seront 4 fois, 9 fois plus étroits, & les corps sphériques, ainsi que les glandes, les viscères, 8 fois, 27 fois moindres.

Mais les surfaces internes des cylindres ne diminuent que dans la raison simple de leurs diamètres, en supposant que la longueur de nos vaisseaux ne diminue pas par l'usage des astringens ; & ainsi la diminution des surfaces sera dans les cylindres, en moindre raison que la diminution de leurs calibres ou coupes traverses. A vitesse égale, la force des colonnes d'une même liqueur est comme le calibre, abstraction faite des frottemens ; ainsi la force du sang ou des fluides diminuera, dans le cas ci-dessus, comme les quarrés des diamètres des vaisseaux. Mais les frottemens, les restes étant égaux, sont comme les surfaces ou comme les diamètres des vaisseaux ; donc les frottemens en ce cas diminueront dans une moindre raison que les forces des fluides.

A égale force de piston, la vitesse imprimée aux fluides de même densité, à travers des tuyaux qui ont du frottement, est d'autant plus petite que le frottement est plus grand ; & le déchet de la vitesse dans les tuyaux de diffé-

7. C'est aussi par sa vertu astringente, ou en resserrant les pores, que le quinquina arrête les sueurs immodérées.

---

rent diamètre, est en raison réciproque de leurs diamètres. Ainsi le diamètre étant devenu 2 fois, 3 fois plus petit, le déchet de la vitesse sera 2 fois, 3 fois plus grand. Si le sang couloit sans frottement, la dépense effective ou la quantité qui passeroit à travers les vaisseaux, seroit de $\frac{3}{10}$ plus grande qu'elle n'est ; mais à cause du frottement, ce déchet est considérable, sur-tout dans les petits tuyaux & dans les tuyaux rétrécis. On sait que si un réservoir doit dépenser selon les règles 100 mesures de liqueur, il ne dépensera à cause du frottement des orifices que 70 mesures, le diamètre étant supposé de 3 lignes.

A présent, nommant le diamètre d'un vaisseau d, on aura

$$d : 3 :: \frac{3}{10} : \frac{9}{10 \times d}.$$

Mettons qu'une artère qui avoit 3 lignes de diamètre n'en ait à présent que 1, le déchet sera à la dépense naturelle comme 9 à 10×1 ; ce rapport sera toujours le même, soit qu'on augmente ou qu'on diminue la force du piston. Mais le premier tuyau, au lieu de 10 mesures, n'en donnoit que 7 à cause du frottement, ou $10 - 3$: donc le tuyau rétréci au lieu de 10 mesures n'en donnera que $10 - 9 = 1$. Et si le diamètre étoit devenu de 6 à 3. ou la moitié plus petit, on auroit pour déchet $\frac{2}{15}$; ce qui marque que sa dépense effective sera à sa dépense naturelle comme 6 à 15 ; & partant, la vitesse ralentie dans le même rapport. Donc les ralentissemens du sang provenans du rétrécissement des tuyaux, sont très-considérables.

Que doit-il donc arriver aux fluides du corps humain, si les tuyaux viennent à se rétrécir? En faisant abstraction de toute autre circonstance, le mouvement des liqueurs & la quantité des sécrétions qui ne dépendroient que de la circulation, diminueront dans la raison des diamètres ; le jeu du piston ou la contraction du cœur en deviendra plus tardive, & par conséquent plus rare dans le même rapport ; & comme la chaleur, les restes étant égaux, diminue comme les quarrés des vitesses, celle du sang en

8. Les resserremens des vaisseaux produits par
différens remèdes, durent les uns plus, les autres

---

deviendra 4 fois, 9 fois moindre, si les petits vaisseaux
n'ont qu'un diamètre 2 fois, 3 fois plus petit. Ainsi toute
la machine tomberoit dans la langueur; & c'est ce qui
arrive à ceux que le grand froid a surpris, ou qui ont pris
des poisons astringens ou coagulans, dans un cas de foiblesse ou d'épuisement de forces.

M. Hales étoit trop grand mécanicien pour penser
qu'un plus grand frottement pût venir nécessairement
d'une résistance augmentée dans les vaisseaux, & que la
chaleur qui suit l'usage des astringens fût l'effet immédiat
de cette résistance augmentée. Pour éclaircir cette matière, nous observerons que quoiqu'il soit très-vrai que les
vitesses respectives des fluides contenus dans des tuyaux
de différent calibre, soient en raison réciproque des calibres, il ne l'est pas moins aussi que la vitesse absolue d'une
liqueur poussée par la même force de piston, à son passage à travers des orifices ou vaisseaux excrétoires grands
ou petits, est ou la même, ou, si l'on a égard aux frot-
mens, plus petite dans les orifices resserrés, ou dans les
vaisseaux qui restent libres, les autres ayant été obstrués
ou resserrés. Et en faveur des commençans, pour qui
ces notes sont faites, je vais mettre quelques principes
d'hydraulique qui pourront les guider ; desquels il sera
aisé de déduire que, pour augmenter la chaleur prove-
nante du frottement ou du jeu des solides sur les fluides, il
faut augmenter leur vitesse dans le même rapport que la
racine de la chaleur augmente, & que pour augmenter
cette vitesse, il faut une force bien différente de la vertu
élastique des vaisseaux, à quoi l'on attribue communément cet effet: c'est évidemment une force qui ne se trouve
pas dans les cadavres tout récens & tout chauds, quoique
doués de tout leur ressort: c'est en un mot la force qui
anime le corps vivant.

DEMANDES. 1. Je considère le cœur comme un piston
qui chasse à chaque coup un cylindre de sang dans l'aorte, & ce cylindre de sang est de nouveau le piston par
rapport à la colonne antécédente ; la masse du sang chassée par le cœur, divisée par la base de la colonne qu'elle

moins. Ceux que l'eau-de-vie produit durent peu, l'eau abforbant & noyant la partie fpiritueufe; mais

---

forme, exprime la longueur de cette colonne à chaque fe-conde, ou mefure fa viteffe.

2. Je puis concevoir tous les vaiffeaux artériels réunis en un, & j'aurai alors un corps de pompe conique, dont la bafe fera la feƈion tranfverfe des dernières artérioles, & le fommet tronqué répondra au cœur; il en eft de même du cône veineux, mais avec cette différence, que le pifton eft cenfé appliqué à la bafe du cône veineux, au lieu qu'il l'eft au fommet tronqué du cône artériel.

3. M. Keill a trouvé que la feƈion tranfverfe du cône artériel, après la 40e ramification de l'aorte, eft à la feƈion de l'aorte près du cœur, comme 5230 environ à 1. Et M. Zendrino a trouvé ou fupputé que la bafe de cône formée par les dernières ramifications, étoit à la feƈion de l'aorte comme 100,000,000,000 $+$ 25 termes, à 1.

4. Dans l'état permanent de fanté ou de maladie, le diamètre de telle artère du corps qu'on voudra, en diaf-tole, eft le même, ainfi qu'en fyftole, ou eft égal à lui-même; & fi l'on appelle reffort parfait celui qui, étant flé-chi une infinité de fois, revient toujours au même point d'où on l'a tiré avec égale viteffe, les parois des artères feront cenfées des refforts parfaits.

LEMMES. 1. La même force de pifton étant donnée, les parois parfaitement élaftiques du cône artériel ou corps de pompe, ne changeront en rien la viteffe du fang, moyenne entre la diaftole & la fyftole. Et en effet, un reffort parfait eft celui qui tout au plus rend au corps qui le fléchit la même viteffe qu'il lui a ôtée, ou, ce qui revient au même, qui en fe rétabliffant fait parcourir le même ef-pace au corps qui le fléchit, qu'il avoit parcouru lui-mê-me en cédant; c'eft pour le fang la même chofe que fi, coulant dans un vaiffeau de bronze, il n'avoit rien perdu ni rien acquis en viteffe.

2. Si la force du cœur devient quadruple de la pre-mière, les fibres circulaires élaftiques des vaiffeaux ne donneront point de nouvelle viteffe au fang, quoiqu'elles aient une force de reffort quadruple.

On fait que les tenfions des refforts font comme les

le nitre, la camomille, les eaux de Spa, de Pyrmont, & autres eaux ferrugineuses, font des effets

racines quarrées des forces qui les alongent ou qui les
bandent ; & l'on sait que les vitesses imprimées aux corps
par des ressorts inégalement forts, font comme les racines
de leurs forces. Or le sang, poussé avec quatre fois plus
de force contre des ressorts quatre fois plus forts, s'il en
est repoussé deux fois plus vite, en a été aussi retardé
d'autant ; car le ressort a résisté à sa tension avec la même
force dont il pousse ensuite le corps qui l'a bandé : donc
c'eût été encore la même chose pour le sang, si le ressort
n'avoit ni diminué d'abord sa vitesse, & qu'ensuite il ne
l'eût pas augmentée par le ressort, c'est-à-dire, qu'il eût
coulé à travers des tuyaux qui ne fussent pas élastiques.
Donc nous n'avons que faire de considérer dorénavant
la force de ressort des vaisseaux, pour trouver la vitesse
plus grande ou plus petite du sang ; il faut avoir recours
à une autre puissance mouvante.

THÉORÊMES. 1. Les quantités de liqueur qui s'écoulent
par l'orifice d'un corps de pompe cylindrique, font égales
en base & en longueur à l'espace cylindrique que le piston a parcouru, ou à la quantité de liqueur qu'il a déplacée : ce qui est évident ; & réciproquement les espaces parcourus par le piston, font comme les dépenses des liqueurs
faites par les orifices.

2e. Les dépenses faites font en raison composée de la
doublée des diamètres, & de la simple des longueurs des
colonnes fluides écoulées. Si donc le piston parcourt toujours le même espace dans le corps de pompe, quand la
moitié des orifices ou base de la colonne du fluide est fermée, alors la longueur ou vitesse de la colonne rétrécie
fera réciproque à la surface de l'orifice restant, ou double
en ce cas-ci. Et si, la même base ou le même orifice restant, la longueur ou vitesse de la colonne est double ou
triple, la vitesse du piston sera aussi double ou triple de la
précédente. Donc les dépenses font en raison composée
de la doublée des diamètres des orifices, & de la simple
des vitesses de ce même fluide.

3e. La vitesse du piston est dans la raison composée de
la directe des orifices, & de l'inverse des diamètres du
plus

plus durables. Ceux qui s'accoutument aux liqueurs détruisent le ressort de leurs vaisseaux, par les sou-

---

corps de pompe, la même force étant appliquée au piston, $V : u :: O\,d : o\,D$.

Si, au moyen d'un poids dirigé par une poulie, on veut vider d'air un soufflet, ou d'eau une seringue, en abaissant le panneau de l'un, ou enfonçant le piston de l'autre, on observe que si l'orifice par où le fluide doit sortir est 2, 3 fois plus étroit, le panneau & le piston se meuvent 2, 3 fois plus lentement; & si l'orifice est 2, 3 fois plus grand, ils se meuvent & vident la liqueur en 2, 3 fois moins de temps : donc, &c. Si l'on a deux seringues. dont l'une A ait le diamètre triple de l'autre, & qu'on fasse jouer leurs pistons avec la même force ou le même ressort, le même poids, &c. on observe que les orifices étant égaux de part & d'autre, la dépense que fait la petite dans un temps est triple de celle que fait à même temps la grosse. Mais les vitesses des pistons sont comme les dépenses : donc, &c.

Coroll. Si dans la pléthore le diamètre des gros vaisseaux augmente d'un tiers, & que néanmoins la somme des orifices ou passages des artères dans les veines soit diminuée de la moitié ; alors la même force du cœur étant donnée, la quantité de sang qui passera par minute dans les veines, sera à celle qui y passoit par minute dans l'état naturel, comme 1 à 6, & le piston jouera six fois plus lentement.

4ᵉ. La force des fluides de différente densité & de différente vitesse, contre des surfaces opposées perpendiculairement à leur cour, & à côté desquelles ils peuvent s'échapper, est en raison composée de la doublée de leur vélocité, de la simple de leur densité, & de la simple des orifices d'où ils sortent ou des surfaces qu'ils choquent, ou $F : f :: VVDS : u\,u\,d\,s$.

Si une colonne de fluide sort du bas d'un réservoir deux fois plus vite, elle parcourt un espace deux fois plus long, & partant la masse en est double ; mais à même temps chaque lame d'eau portera le même corps qui lui sera présenté deux fois plus loin, ce qui est avoir une force encore double : donc la colonne totale a une force quadruple, ou comme le quarré de sa vitesse.

Partie II. K

daines viciſſitudes de reſſerrement & de relâchement qu'ils eſſuient ; ce qui fait que, ſemblables

---

Si du vif-argent, qui eſt 14 fois plus denſe que le ſang,
a la même viteſſe que lui & frappe une pareille ſurface, il
la frappe de 14 fois plus de coups que ne fair le ſang,
puiſque ſous même volume il a 14 fois plus de molécules
qui frappent : donc la force en eſt 14 fois plus grande.

Si l'aube ou palette d'une roue eſt deux fois plus enfoncée
dans l'eau qu'elle n'étoit, l'eau frappe ſa ſurface par un
nombre deux fois plus grand de colonnes ou de coups
égaux : donc la force imprimée à l'aube eſt en raiſon de
ſa ſurface.

5e. Les effets ſont égaux à leurs cauſes : une quantité
de mouvement imprimée à un corps, eſt l'effet d'une force
mouvante qui l'imprime ; d'où il ſuit que les viteſſes imprimées au même fluide par différentes forces de piſton, ſont
comme les racines des forces mouvantes : que ce ſoient
des hauteurs, des poids, des reſſorts, des puiſſances animées, cela revient au même ; il faut toujours une force
quadruple, noncuple au piſton, pour mouvoir la même
quantité de fluide 2 fois ou 3 fois plus vîte ; & alors l'effet
ſera quadruple ou noncuple, par le Théor. 4e, ou égal à
ſa cauſe.

6e. La viteſſe d'un fluide pouſſé par la même force à
travers le cône artériel ou veineux, eſt dans les différentes diſtances des ſections au ſommet, réciproquement
comme ces diſtances quarrées, ou réciproquement comme ces ſections. Ainſi, mettant que la baſe du cylindre de
ſang pouſſé par le cœur dans l'aorte, ſoit 5230 fois moindre que la baſe du cylindre de ſang pouſſé dans la 41^e
diviſion de l'aorte, comme c'eſt la même quantité de ſang
qui paſſe, & que ces deux colonnes ſont de même maſſe,
leurs baſes doivent être réciproquement comme leurs longueurs ou viteſſes.

Si l'on conçoit que cette grande baſe du cône artériel
ſoit égale à 500 pouces quarrés, & qu'il y paſſe 500 gouttes
de ſang, la même force du cœur étant donnée, ſi l'on
vient à boucher 499 de ces pouces ou orifices, il ne paſ-
ſera à même temps qu'une ſeule goutte par l'orifice reſ-
tant, contre l'opinion de preſque tous les médecins. Et

à des fang-fues, ils foupirent de plus en plus pour
ces liqueurs, croyant, par ce moyen, redonner à

---

en effet, divifons la force du cœur en 500 parties égales,
chacune s'employant à poufler $\frac{1}{500}$ du fang; fi l'on vient à
équilibrer 499 de ces parties par un bouchon ou une réfiftance fuffifante, on les anéantit, par l'axiome phyfique
qui porte, que les forces contraires ou qui s'équilibrent, fe
détruifent: donc la force reftante fera la feule à produire
fon effet, qui fera l'expulfion d'une feule goutte.

La viteffe du pifton eft toujours comme la dépenfe qui
fe fait des liqueurs par les orifices: donc, fi une obftruction quelconque bouche $\frac{499}{500}$ parties des orifices, la viteffe
du pifton ne fera auffi que $\frac{1}{500}$ de fa viteffe précédente.

Par-là on voit l'erreur de ceux qui croient que l'obftruction des vaiffeaux accélère mécaniquement la contraction du cœur & la rend plus fréquente.

On voit encore la bévue de ceux qui s'imaginent qu'à
l'occafion du rétréciffement des vaiffeaux, la chaleur doit
augmenter, fans fuppofer autre chofe que le reffort des
fibres plus bandé: il faut, pour augmenter la chaleur,
augmenter le frottement & rendre plus fréquentes les of-
cillations des parties folides ou fluides, au lieu que l'obftruction retarde l'un & l'autre; & c'eft de-là que dépend
ce froid & cet anéantiffement qu'on reffent à l'entrée des
maladies qui dépendent de l'obftruction des petits vaiffeaux
fanguins.

Il eft encore aifé de conclure combien fe trompent ceux
qui croient que la force mufculaire du cœur reftant la
même, fi le fang s'arrête ou fe ralentit dans les vaiffeaux
capillaires, il en aura plus de vélocité dans les troncs, puifque, venant à boucher les 499 orifices du cône artériel,
l'efpace que les parois du cœur & la colonne qu'il chaffe
à chaque feconde parcourront, ne fera que $\frac{1}{500}$ partie de
l'efpace précédent; car la viteffe des piftons eft toujours
proportionnelle aux dépenfes; & l'on peut regarder chaque coupe tranfverfe de la colonne de fluide qui roule dans
le cône artériel, comme la bafe d'un pifton.

Ce n'eft prefque pas la peine de relever l'erreur de ceux
qui, dans l'obftruction des vaiffeaux capillaires du corps,
s'imaginent que le fang trouve des routes latérales qui, étant

leurs fibres le degré de tenfion qu'elles ont perdu.
9. Ainfi, tout ce que nous prenons, foit aliment,

---

plus abrégées, conduifent plus vîte au cœur la même quantité de fang , comme fi un corps étoit obligé d'aller plus
vîte , parce qu'il enfile un chemin plus court.

Si l'on fuppofe que le fang qui fort du cœur a acquis la
viteffe qu'il a en coulant d'un réfervoir haut de 9 pieds,
& qu'on vienne à boucher 499 parties des orifices qu'on
fuppofe à la bafe du cône artériel, en quelque endroit du
cône que l'on fuppofe l'orifice reftant, & de quelque
grandeur qu'il foit, le fang en fortira avec une viteffe par
laquelle il pourra atteindre à la hauteur du réfervoir ; car
fi l'on y adapte un tuyau vertical de cette même hauteur
& de même diamètre que l'orifice , & qu'on l'empliffe de
fang , il équilibrera le jet ou la force du fang qui en fortoit.

Donc, faifant abftraction de la pefanteur, le fang contenu
dans le cône artériel preffe perpendiculairement la furface
des vaiffeaux avec la même force. Ce qui fait voir le pa-
ralogifme de J. de Sandris & de Bazziclave, qui prétendent que le fang preffe davantage felon la diagonale formée par l'axe des vaiffeaux & par la furface de leurs parois, comparant les colonnes lancées par le cœur, à des
lignes parallèles à l'axe des vaiffeaux , & la direction que
leur imprime la répercuffion des vaiffeaux , à des lignes qui
foient perpendiculaires à leur furface ; & de ces deux forces agiffant enfemble , les filets de fang doivent, difent-ils,
enfiler une route moyenne , felon laquelle ils entreront
avec plus de viteffe dans les artères qui feront un angle
demi-droit avec leur tronc , que dans celles qui en parti-
ront à angles droits, comme les rénales & intercoftales, &c.
erreur que M. Michelotti a déja combattue.

Ce que nous venons de dire du fang, peut s'appliquer
aifément au fluide nerveux s'il y en a , & quelle que foit la
caufe mécanique qui le pouffe ; & il eft bien évident qu'à
moins que la force du pifton augmente , certains tuyaux
nerveux étant obftrués, ce fluide n'en coulera pas plus vîte
à travers les autres. Sur quoi donc s'appuiera dorénavant
cette belle théorie des convulfions, de l'épilepfie, du mouvement du cœur augmenté dans l'apoplexie, à moins qu'on
n'ait recours à une force différente de l'élafticité, à une

foit remède, produira différens effets fur nos folides & fluides, fuivant fes diverfes propriétés. Et

puiffance qui tâche de vaincre les réfiftances offertes à la
circulation ; enfin, à une puiffance qui travaille dans les maladies mêmes à furmonter les caufes qui les produifent, ou
à nous en délivrer ?

Mais fi, dans l'état de vigueur, de pareils effets n'arrivent
pas, ce n'eft pas à la difpofition de la machine pure qu'il
faut l'attribuer, comme on fait communément ; c'eft à une
puiffance mouvante qui a augmenté les forces du cœur dans
un plus grand rapport même que les réfiftances n'avoient
augmenté par les aftringens ; & pour le prouver, il faut
faire voir que la force mouvante n'a pu augmenter mécaniquement par les aftringens.

Ceux qui croient que les aftringens augmentent mécaniquement les forces mouvantes, ont recours au reffort
des fibres qui s'en trouve effectivement augmenté ; car les
fibres en deviennent plus roides, comme il arrive aux
chairs trempées dans l'efprit-de-vin : le volume des liqueurs même en devient moindre, & les furfaces de ces
colonnes qui doivent effuyer du frottement, font alors
abfolument plus petites.

Mettons toujours les fibres raccourcies de la moitié, la
force élaftique des fibres croiffant comme les quarrés des
proximités des fibrilles, en doit devenir quadruple, la furface abfolue des colonnes de fluide deux fois moindre, le
volume de ces colonnes ou leur coupe tranfverfe, quatre
fois moindre. A ne confidérer que ces circonftances, la
viteffe des fluides devroit être fort augmentée, favoir,
comme la racine des forces du reffort ou du double, comme la diminution du volume ou de deux fois le quadruple,
comme 1 à 8.

Mais pour bien raifonner il faut comparer toutes les
circonftances. Or, le reffort étant devenu quatre fois plus
fort, il n'en donnera pas pour cela plus de viteffe au fang,
laquelle eft fuppofée n'avoir pas encore augmenté. Les
reflorts, 1°. n'impriment pas plus de viteffe au corps qui
les fléchit, que n'en avoit ce même corps ; c'eft beaucoup
qu'ils lui rendent toute celle qu'ils en ont reçue, ce qui
n'arrive qu'aux refforts parfaits, 2°. Plus un reffort a de

comme la santé confiste en un jufte équilibre entre
les fluides & les folides, il importe beaucoup que

---

force, & plus difficilement on le fléchit : les inflexions des
cordes différentes en tenfion, ne font que comme les racines quarrées de ces tenfions ; il faut 4 fois, 9 fois plus
de force ou de poids pour fléchir une corde de violon,
attachée à deux points fixes deux fois, trois fois plus
profondément, comme l'expérience m'en a convaincu.
3°. De ce que le volume du fluide eft devenu 4 fois plus
petit, la maffe n'en a été que plus condenfée d'autant, &
n'a pas pour cela diminué : ainfi il faut autant de force
pour la mouvoir qu'il en falloit auparavant ; mais, à raifon
de la condenfation à un volume fous-quadruple, il faudra une force quadruple pour la faire couler avec la même viteffe qu'elle couloit auparavant ; & voici comment.
Les viteffes qu'une même force de pifton peut imprimer à
des fluides de différente denfité, font comme les racines
de ces denfités réciproquement, comme M. Mariotte l'a démontré, & enfuite M. Michelotti : ainfi la même force
doit mouvoir deux fois plus lentement un fang quatre fois
plus denfe. Mais les forces font comme les quarrés des
viteffes, comme l'a démontré M. Pittot, *Mémoires de
l'Académie, 1735* : donc, puifque les réfiftances font quadruples & que les forces le font auffi, les viteffes refte-
ront les mêmes. 4°. Les frottemens, dit-on, doivent au
moins diminuer, puifque par la conftriction des vaiffeaux
les furfaces internes font moindres. Mais les frottemens
ne fuivent pas le feul rapport des furfaces ; ils font comme les contacts & comme les charges, ce qui dans ce cas
revient au même. Si le fluide diminuoit de volume fans
être condenfé, le nombre des points phyfiques de fa furface entière ou le nombre des contacts diminueroit auffi ;
mais fi ce volume diminue par condenfation, le nombre
de ces points refte le même : & ainfi je ne vois point de
caufe phyfique d'augmentation dans la viteffe des fluides,
mais j'en vois une ici de diminution ; c'eft que la charge
ou preffion des vaiffeaux contre les colonnes de fluide,
eft augmentée par l'accroiffement de leur force élaftique,
à raifon de quoi les contacts, fans être plus nombreux,
en font plus intimes. Et ainfi la viteffe des fluides doit

nous ne prenions que ce qui convient à la difpofition de notre corps, foit pour fortifier, foit pour

---

diminuer abfolument, fuivant les règles données ci-deffus.

Mais voici une autre caufe de ralentiffement dans les fluides; c'eft le rétréciffement feul des petits vaiffeaux, qu'on
peut regarder comme les ajutages des artérioles ou orifices
des vénules, & par conféquent comme les ouvertures des
foupapes dans les pompes. M. Pittot, en 1735, *Mémoires
de l'Académie*, a démontré que les forces néceffaires pour
mouvoir un pifton d'un corps de pompe avec la même
viteffe ou dans le même temps, font entr'elles en raifon
doublée réciproque des différentes ouvertures des foupapes, & le tout fans avoir égard aux frottemens. Si donc
les ouvertures des petits vaiffeaux du corps humain viennent à diminuer de la moitié, fi l'on veut que nonobftant
cela le cœur conferve fa première viteffe, il eft néceffaire que la force contractive du cœur, fa force mufculaire, dis-je, & non pas feulement l'élaftique, augmente
du quadruple; & fi la force du cœur n'augmente pas, fa
viteffe fera deux fois moindre; car il paffera deux fois
moins de fang des artères dans les veines, quoique celui
qui paffe ait la même viteffe, aux frottemens près, qu'a-
vant l'obftruction.

Quelle eft donc la puiffance mouvante qui, à l'occafion de tant de réfiftances ou obftructions, augmente la
force mufculaire du cœur, jufqu'à exciter une chaleur de
10 degrés plus grande que la naturelle, au thermomètre
de M. de Réaumur, & faire battre les artères deux fois
plus fouvent, ou 120 & 140 fois même par minute? Nous
avons vu (*note fur l'Introduction*) que la nature feule pouvoit produire cet effet, en envoyant au cœur une quantité de fluide nerveux bien plus grande que celle qui à
même temps eft fournie par les artères carotides; ainfi
la force du cœur augmentant dans un plus grand rapport
que toutes ces réfiftances, nonobftant ces mêmes réfiftances qui en détruifent une grande partie, le pouls bat avec
une viteffe double, triple, fi cette force devient quadruple, noncuple; & la chaleur s'élève en raifon doublée de
la viteffe du fang, & de la denfité des fluides & des folides, qui par la chaleur même eft bientôt diminuée.

affoiblir, ou pour changer les qualités & quantités des fluides selon que le cas le requiert.

EXPÉRIENCE XIX.

Sur la manière d'injecter de l'Air.

1. Afin que je pusse déterminer au juste le degré de force avec lequel je poussois l'air dans les vaisseaux, je préparai la machine suivante. J'attachai à une seringue ordinaire d'injection, un bâton de sureau de deux pieds de long & de deux pouces de diamètre, dans le milieu duquel je pratiquai d'une extrémité à l'autre un canal d'un demi-pouce de diamètre ; je fixai dans un trou que j'avois fait au milieu de ce bâton de sureau, un siphon de verre renversé, dans lequel je fis couler du mercure jusqu'à quatre pouces de hauteur ; je fermai l'autre orifice du siphon avec du ciment que je couvris d'un morceau de parchemin. Quand je fixois cet instrument à quelque vaisseau d'un animal par le moyen d'un tuyau de cuivre, je pouvois voir, par la hauteur où se tenoit le mercure dans cette espèce de baromètre, avec quelle force j'y poussois l'air.

2. Quand je poussai l'air avec cette machine dans l'artère aorte descendante ou dans la veine-porte, il ne passoit du tout point dans les intestins, quoique l'eau y passât librement dans l'Expérience XIV, nombre 12.

3. Ayant coupé une partie des intestins suivant leur longueur, l'air ne pouvoit point passer à travers les artères convergentes transversalement coupées, quoiqu'il fût poussé avec une force égale à

celle du sang artériel ; mais quand j'eus lavé ces vaisseaux, en y faisant couler de l'eau chaude, alors l'air y passoit librement; ce qui fait voir combien il est nécessaire de vider les vaisseaux sanguins, avant que de les injecter avec des liqueurs colorées.

4. Quoique l'air soufflé dans l'aorte ne pût pénétrer de-là dans la cavité des boyaux, il y passe cependant quand il est, pour ainsi dire, développé & caché dans les interstices que laissent entr'elles les parties des fluides; car, ayant coupé en travers & dans deux endroits différens les boyaux d'un chien, je les lavai exactement en y faisant passer de l'eau chaude; je liai chacune de ses extrémités ; & je fis couler de la petite bière aussi chaude que le sang & toute écumeuse, de la hauteur perpendiculaire de quatre pieds & demi dans l'artère aorte descendante; & de-là, quelque temps après, il s'en répandit une quantité considérable dans l'estomac & dans les intestins. Je trouvai que la quantité qui avoit coulé dans la partie de l'intestin lavée & liée, étoit égale à deux pouces cubiques; elle étoit trouble & d'une couleur obscure, semblable aux parties terrestres de la bière. Quand je la réchauffai auprès du feu, il s'éleva une nouvelle écume. Ce qui est une preuve que les vents qui se forment dans l'estomac & dans les intestins, ne viennent pas seulement des nourritures venteuses, ou de quelque irrégularité dans les indigestions, mais ils peuvent aussi devoir leur origine aux qualités venteuses des liqueurs qui se réparent dans les viscères; c'est pourquoi, s'il y a de l'air quelquefois dans les vaisseaux sanguins, il peut, après avoir été absorbé par le sang, être déposé dans

les fecrétions abondantes dont nous venons de parler.

REMARQUES. C'eft au moyen des notes fur l'Expérience XIe, que nous trouverons la raifon pourquoi dans celle-ci l'eau du tuyau de l'artère crurale & de la veine-porte, ne fe foutenoit pas à la même hauteur que l'eau du tuyau fixé à la carotide ; & comme il eft de grande conféquence de développer ces phénomènes, par rapport aux effets des faignées dérivatives & des révulfives, nous y infifterons davantage.

Si à un tuyau horizontal, qui conduit l'eau d'un réfervoir à l'ajutage d'un jet d'eau, on adapte un petit tube vertical, il eft certain que l'eau s'élèvera jufqu'au niveau de l'eau du réfervoir ; & par conféquent, l'effort de l'eau contre l'orifice ou ajutage du jet d'eau, eft relatif à la hauteur entière du réfervoir. Mais, fi en même temps on laiffe écouler l'eau de ce tuyau de conduite par fon fond tout ouvert, il eft auffi certain qu'il ne montera point d'eau dans le tuyau vertical ; & qu'ainfi, l'effort de l'eau contre fon ajutage fera nul, ou égal à zéro.

Suppofons maintenant, qu'au lieu d'ouvrir tout le fond de ce tuyau de conduite, on n'en ouvre qu'une partie ; alors l'eau montera dans le tuyau vertical, ou en preffera l'orifice avec une certaine force qui fera moindre que dans le premier cas, & plus grande que dans le fecond ; & il eft queftion de la déterminer : car il eft bien évident que de-là dépend la connoiffance de ce qui fe paffe dans les vaiffeaux du corps humain. A mefure qu'on fait une ouverture à la veine ou à l'artère, le fang agit plus, moins ou point du tout, contre les parois & orifices des rameaux qui partent du même tronc ; & il n'importe que ces rameaux voifins foient pofés verticalement ou horizontalement à l'égard du tronc, & à quel angle ils en partent ; car ce n'eft pas la gravité qui fait mouvoir le fang, c'eft la force d'un pifton. C'eft pourquoi j'ai tenté la même expérience avec une pompe ; & ayant adapté un tuyau latéral au tuyau de la pompe, j'ai obfervé que le jet latéral fuivoit les mêmes règles que celles du jet d'eau ci-deffus. L'élafticité, comme nous l'avons dit, ne fait pas non plus de différence en ce cas, sinon que quand le jet s'affoiblit ou cesse, le tuyau flexible s'affaisse & se rétrécit, & qu'il se dilate quand le jet devient plus fort.

Soit l'orifice de l'aorte au sortir du cœur aa, celui des vaisseaux ascendans, savoir, des deux sous-clavières & d'une carotide ensemble, bb, & celui de l'aorte descendante cc.

Il est indubitable que la vitesse du sang en aa, est à celle qu'il a en $bb + cc$, en raison réciproque de ces ouvertures; & qu'ainsi la vitesse en aa est à la vitesse en $bb + cc :: bb + cc : aa$.

Il est encore certain, que si l'on vient à boucher l'un des deux orifices bb; par exemple, la vitesse du sang en aa, lorsque l'orifice bb est seul ouvert, sera à sa vitesse lorsque les deux orifices $bb + cc$ sont ouverts, comme bb est à $bb + cc$; c'est-à-dire, qu'elle diminuera dans le tronc à mesure que les orifices diminueront: cependant, aux frottemens près, elle sera la même dans les orifices; ainsi, celle des orifices augmentera respectivement à celle du tronc, & la vitesse pour l'orifice bb sera $\dfrac{aa}{bb + cc}$, celle

pour l'orifice $bb + cc$ sera $\dfrac{aa}{bb}$.

Mettant $aa = 3$, $bb = 2$, $cc = 2$; la vitesse, lorsque les orifices $bb + cc$ seront ouverts, sera les $\frac{3}{4}$ de la vitesse du sang dans le tronc aa; & si le seul orifice bb est ouvert, la vitesse du sang y sera $\frac{3}{2}$ de celle de aa.

Ainsi, la même force étant appliquée au piston, la vitesse ou la dépense du sang par les orifices, bb & $bb + cc$ ensemble, sera comme ces orifices ou comme 2 à 4; & la vitesse du piston ou du sang précédent qui en fait l'office, sera comme 3 à 2 pour l'orifice bb seul ouvert, & comme 3 à 4 pour les deux orifices ouverts. Ainsi, dans le premier cas, la vitesse du sang dans les orifices est plus grande qu'elle n'est au tronc; & dans l'autre cas, elle est plus petite, toujours relativement, quoiqu'elle soit égale à elle-même, & qu'il n'y ait que celle du tronc ou du piston qui change absolument.

Mais les forces d'un fluide, à sa sortie par des ouvertures différentes avec différentes vitesses, sont entr'elles comme les quarrés des vitesses multipliées par les ouvertures ; donc la force du fluide en bb, eſt à la force du fluide en $bb + cc$, comme $\frac{2}{4}$ eſt à $\frac{2}{2}$, ou comme $4 : 2$.

Mais le rapport de la force qui meut le piſton eſt à la force de l'eau qui s'écoule par une ouverture, comme la ſurface de la baſe du piſton eſt à l'ouverture ; ainſi $bb : aa : : \frac{a^4}{bb} : \frac{a^6}{b^4}$; & ſi l'on nomme dd les 2 ouvertures $bb + cc$, $dd : aa : : \frac{a^4}{dd} : \frac{a^6}{d^4}$. Ainſi, la force qui meut le piſton lorſque bb eſt ſeul ouvert, eſt à celle qui le meut quand les deux orifices $bb + cc = dd$ ſont ouverts, ſuppoſé qu'il faille faire paſſer la même quantité de fluide par bb & dd en même temps, comme $\frac{a^6}{b^4} : \frac{a^6}{d^4} : : \frac{1}{b^4} : \frac{1}{d^4} : : b^4 : d^4$, c'eſt-à-dire, en raiſon réciproque des quarrés des ouvertures, ou comme 16 à 4.

Si donc la moitié des branches de l'aorte vient à être obſtruée, & qu'il faille faire paſſer par les orifices reſtans la même quantité de ſang qu'il en paſſoit par le total des vaiſſeaux, il faut au cœur une force quadruple de la force ordinaire, c'eſt-à-dire, de 200 livres, ſi l'on eſtime l'ordinaire 50 liv. avec M. Hales. Et en effet, ſuppoſons qu'une iliaque ſoit obſtruée, & qu'il faille faire paſſer par l'autre la même quantité de ſang qui paſſoit par les deux, il faut de néceſſité, ou que le calibre de l'iliaque qui n'eſt pas obſtruée devienne double, ou que le ſang y coule avec une double viteſſe : mais dans l'un & l'autre cas le ſang aura une force quadruple ; car les tenſions des reſſorts ſont comme les racines des forces qu'il faut employer pour les bander : donc il faut une force quadruple pour dilater le tuyau du double ; & ſi, ſans le dilater, on veut y faire paſſer la même quantité de ſang qu'avant l'obſtruction, il faut que la viteſſe du ſang y devienne double. Mais les forces ſont comme les quarrés des viteſſes : donc il faut une force quadruple.

Comme les vaiſſeaux preſſés par une force quadruple ſe dilatent, afin que la même quantité de ſang coule à travers, ſa viteſſe à meſure que les vaiſſeaux ſe dilatent doit moins augmenter ; auſſi ne devient-elle pas double, mais un peu moindre que double ; & ſi l'artère libre avoit un calibre comme 2, pourvu que ce calibre devienne 3, &

que d'autre part la viteffe qui étoit 2 devienne 2.3, il y paffera autant de fang qu'il en paffoit à-la-fois par les deux.

Que fi l'on veut, pour produire la fièvre, que nonobftant l'obftruction de la moitié des paffages, il paffe le double du fang par les orifices reftans, il faut augmenter encore la viteffe du double, ou la force du quadruple fur la précédente, ou la rendre 16 fois plus grande que dans l'état de fanté, c'eft-à-dire, de 800 livres ; & alors le pouls battra deux fois plus fouvent que dans l'état de fanté, fous même diamètre.

EXPÉRIENCE XX.

Sur la Communication des Vaiffeaux.

1. QUAND les tubes étoient en même temps fixés l'un à la carotide gauche & l'autre à l'artère crurale gauche, & que je verfois de l'eau dans le tube fixé à la carotide à la hauteur de 4 pieds 7 pouces, elle s'élevoit 4 pieds 4 pouces dans l'autre tube ; & quand l'eau s'abaiffoit de 6 pouc. dans la carotide, elle s'abaiffoit proportionnellement dans l'autre tube, & s'élevoit de nouveau quand l'autre tube s'empliffoit. Quand la colonne d'eau étoit à la carotide de 9 pieds $\frac{1}{2}$, elle étoit dans l'autre tube de 8 pieds 11 pouces : cette inégalité des hauteurs des colonnes d'eau provenoit, à ce que je crois, de la petiteffe du tuyau de cuivre fixé à la carotide, qui ne pouvoit pas fournir autant qu'il s'en échappoit par les autres branches, ni par-là conferver la hauteur de l'eau dans le tube de l'artère crurale, ce qu'auroit fait un gros tube fixé à l'aorte.

2. Quand j'ôtai le tube de l'artère crurale, l'eau étant élevée de 9 pieds $\frac{1}{2}$ dans le tube de la caro-

tide, l'eau s'élança 11 pouces & demi hors de l'artère, dont je dirigeois l'ouverture en haut.

3. Quand une colonne de 4 pieds $\frac{1}{2}$ d'eau pressoit sur l'artère carotide, alors l'eau s'élevoit lentement à la hauteur de six pouces dans un autre tube fixé à la veine-porte, & dirigé vers les boyaux ; mais quand le tube fut inséré à la veine-cave vers les jambes du chien, l'eau n'y monta pas.

4. Si nous étions assez heureux que de trouver une liqueur qui passât librement des artères dans les veines, ainsi que le sang fait durant la vie, nous pourrions faire plusieurs expériences utiles & curieuses.

5. C'est dans cette vue que je faisois couler de l'eau chaude dans les artères des chiens mourans, pendant que le sang s'écouloit par les veines, espérant que je pourrois, par ce moyen, nettoyer & emporter hors des artères & veines capillaires tout le sang glutineux, & que l'eau s'écouleroit ensuite à travers ces petits vaisseaux ; mais je fus trompé dans mon attente ; car, quoique l'eau soit un fluide plus délayé que le sang, elle ne put point trouver de passage des artères dans les veines, & cela, par la même raison, ce semble, (voyez *les Expériences des 2e & 3e Chapitres de la Statique des Végétaux*) que l'eau qui s'insinuoit dans les interstices des vaisseaux séveux des branches coupées, les comprimoit en peu de jours : ces vaisseaux tendent d'ailleurs à se contracter d'eux-mêmes, & l'eau se fermoit ainsi le passage. Et c'est précisément le même cas dans les animaux ; car l'eau qui, dans plusieurs expériences précédentes, passoit librement des artères à travers une infinité de passages trop déliés pour permettre l'entrée des glo-

bules rouges , doit (comme il arrive dans les végétaux) comprimer affez les extrémités artérielles
capillaires, pour empêcher le paffage d'une liqueur
au travers de leurs cavités. Et ceci eft encore confirmé par l'obfervation de l'Expérience xvi, nombre 3, où j'ai fait remarquer que les plus grandes
artères convergentes des inteftins étoient com-
primées de plus en plus & par degrés , par l'eau
qui couloit pendant un certain temps dans leurs
tuyaux.

6. Nous pouvons auffi conclure de-là , que les
extrémités artérielles font fort élaftiques, de façon
que l'eau n'ayant point de globules comme le
fang , ne peut tenir ces vaiffeaux ouverts, ainfi
que fait le fang par une fuite non interrompue de
globules qui fe fuivent immédiatement les uns les
autres ; & plus la quantité de ces globules fera
grande, refpectivement à la partie féreufe, moins
il fe féparera de fluide par ces artères, & réciproquement ; c'eft ce qui fait naître la difficulté que
l'on trouve à injecter avec des liqueurs colorées
les communications immédiates des veines & des
artères. J'ai fait à cette occafion quelques expériences.

REMARQUES. Il feroit infiniment utile que des favans ver-
fés dans l'hydraulique , tiraffent de toutes ces expériences ,
par le moyen du calcul , des règles pour connoître les viteffes & forces refpectives du fang dans les cas de ligature des
gros vaiffeaux , dans les cas d'obftruction des petits , d'ané-
vrifmes, de varices, &c. & autres vices folides. Si j'attendois
à donner cette traduction au public jufqu'à ce que je fuffe
en état de travailler utilement à un pareil commentaire ,
les François feroient trop long-temps privés de ces excel-
lentes Expériences ; c'eft pourquoi j'ai cru devoir propofer
mes vues & mes idées telles qu'elles font.

S'il faut une augmentation fi prodigieufe de la force du

cœur, pour exciter une fréquence du pouls telle qu'il batte 120 fois par minute, ce qui arrive dans plusieurs fièvres; quelle ne faudra-t-il pas pour produire une pareille fièvre dans le cas de pléthore compliquée avec l'obstruction? Soit, pour servir d'exemple, le diamètre des gros vaisseaux dans un homme sain, au diamètre dans la pléthore, comme 4 à 5; le calibre sera comme 16 à 25, & la quantité du sang à mouvoir sera de $\frac{9}{25}$ plus grande. Si cette quantité doit passer à travers un orifice, ou une somme d'orifices, la même que dans l'homme non pléthorique obstrué, dont le cœur devoit avoir une force de 800 livres, il en faudra bien davantage ici; car la vitesse du sang, dès-là seulement que les troncs acquièrent un calibre plus grand, en devient plus petite dans les orifices, & en raison inverse des dia-mètres: elle sera donc en ce cas diminuée dans le rapport de 25 à 16. S'il a fallu une force de 800 livres pour lui procurer une vitesse comme 16, quelle faudra-t-il pour lui procurer une vitesse comme 25, afin que dans la plé-thore il passe une même quantité de sang qu'avant la plé-thore? On trouvera que ces forces seront entr'elles comme le quarré de 16 au quarré de 25, ou comme 256 à 625; on la trouvera 2.44 fois plus grande ou de 1952 livres; & si l'on veut que le sang passe encore deux fois plus vîte, il faut une force quadruple de celle-ci, ou de 7808 livres. Il faut pourtant observer ici, que cette prodigieuse force étant donnée, une partie s'emploiera à augmenter la vi-tesse du sang; & l'autre partie à dilater les orifices, comme nous l'avons vû dans les notes sur l'Expér. XIX.

On appelle *anévrisme*, une poche formée par la dilata-tion d'une artère, & *varice*, si c'est une veine: à cette po-che aboutit un tronc A, si c'est une artère dilatée, & un ou plusieurs rameaux R, r, &c.; & si c'est une veine, il y a plusieurs rameaux qui peuvent y aboutir, & un tronc seul peut en partir: voyons ce qui doit arriver dans l'anévrisme. Mettons qu'il y ait un anévrisme à la crosse de l'aorte, qu'il soit sphérique, que l'aorte y porte le sang, & que trois rameaux R r p, &c. l'en rapportent. Il est démontré que si la section de l'aorte est égale à la somme des sections des tuyaux R r, &c. si la section de l'anévrisme est de beau-coup plus grande que celle de l'aorte, $\frac{4}{5}$ parties de la force du cœur seront perdues, ou employées inutilement pour la circulation, de façon que la force du pouls, dans les

artères

artères qu'on pourra sentir, ne sera que $\frac{1}{5}$ de l'ordinaire.

Dans la fièvre, il faut beaucoup plus de force au cœur proportionnellement que dans la santé, parce qu'il s'y fait un déchet qui est comme le quarré de la vitesse. Il est étonnant que, parmi tant de savans qui ont voulu expliquer mécaniquement la fièvre, aucun ne se soit encore avisé d'en chercher la cause dans la force du cœur augmentée ; & qu'il n'y en ait point qui ait examiné dans quel rapport elle augmente, & le prodigieux déchet qui s'en fait. M. Parent avoit démontré, il y a long-temps, que l'effet réel des machines hydrauliques les plus parfaites, n'est que les $\frac{4}{27}$ de leur effet naturel, moyennant quoi il se perd $\frac{23}{27}$ de la force mouvante, & cela sans compter les frottemens. M. Bernoulli a trouvé que l'effet réel de la machine de Marly, que cependant tout le monde admire, n'étoit que $\frac{1}{56}$ de ce que la force de l'eau qui y est appliquée pourroit produire. Le corps humain est sans doute une machine hydraulique parfaite ; & ainsi, il ne se peut que le déchet des forces du cœur ne soit très-considérable. Si les hydrauliciens étudioient cette admirable machine, ils découvriroient bien des vérités utiles pour perfectionner les machines artificielles. On s'est, par exemple, avisé fort tard de renfler le corps de pompe à l'endroit des clapets, pour diminuer les frottemens & la dépense inutile des forces ; mais, sans tant d'expériences & de calculs, on en auroit trouvé l'usage tout établi dans l'orifice artériel du cœur ; car les sinus de M. Morgagni, ces renflemens qui se trouvent à la naissance de l'aorte à l'endroit où sont les soupapes, ne servent qu'à cela.

Le déchet des forces du sang peut se découvrir encore par les expériences que M. Hales expose dans ce chapitre. Le sang ne peut passer avec autant de vitesse de l'aorte dans la veine-cave, qu'il passe dans la veine-porte, parce qu'il a dans le premier cas plus de filières, plus de frottemens à essuyer, & sur-tout parce que ces filières sont plus étroites. Pour concevoir en quel rapport les petites filières latérales diminuent le mouvement du sang, voici la formule qui exprime les rapports des déchets des forces mouvantes.

Si le sang, poussé avec une vitesse donnée par une artère dont le calibre soit (n), n'a pas à passer par des petits défilés pour aller dans les veines, il y portera une force que j'appelle 1 ; mais s'il faut qu'il traverse les petits orifices a, b, c, d, &c. qui soient à l'orifice n comme 1, 2, 3, 4, &c. à 9, la puissance mouvante dans le premier cas, est à la puissance mouvante requise dans le second, comme

$$1 \; ad \; 1 + \frac{nn}{aa} + \frac{nn}{bb} + \frac{nn}{cc} + \frac{nn}{dd}, \&c., \text{ou comme 1 à}$$

11.26.

Et si la puissance mouvante n'augmente pas, la force que le sang qui a traversé ces filières aura dans les veines, ne sera que $1 - \frac{nn}{aa} - \frac{nn}{bb}$, &c.

Et si l'orifice de n est supposé plus petit, les orifices latéraux étant les mêmes ; alors la force requise pour faire traverser n, est à celle qu'il faut pour faire traverser a, b, c, d, &c. comme 1 à $1 + \frac{nn}{aa} + \frac{nn}{bb}$, &c.

Et si $nn = 1$, & a, b, c, d, &c. $= 1, 2, 3, 4$, &c. alors ces forces sont comme 1 à 2.30. Ainsi, il y aura moins de déchet à mesure que les tuyaux latéraux seront plus gros, eu égard au tuyau de conduite. Il suit de-là, que le fluide qui des artères passe dans les tuyaux nerveux, y perd d'autant plus de sa vitesse, que ces tuyaux sont plus étroits ; ainsi, ceux qui prétendent que le fluide nerveux, avec la seule force que le cœur lui imprime, ou avec la seule force de circulation, est en état de mouvoir le cœur, sont bien éloignés de connoître la vérité. On en peut juger par cet exemple : s'il faut une force de 56 quintaux à l'eau de la Seine, pour élever une certaine quantité d'eau jusqu'à la hauteur de Marly, cette eau, ainsi élevée, n'a que $\frac{1}{56}$ de cette force ; & si cette force de 1 quintal étoit appliquée ensuite à une machine hydraulique parfaite, elle ne feroit qu'un effet qui seroit à 100 livres comme 4 à 27, c'est-à-dire, de 15 livres ; ce qui n'est que $\frac{1}{373}$ partie de la force de l'eau contre les roues de la machine primitive. Et comme il faudroit 373 forces égales à celles-là, pour rendre à cette première machine le mouvement qu'elle en auroit reçu ; de même, il s'en faut peut-être infiniment que la force du fluide nerveux, à ne prendre que celle qu'il a reçue du cœur, puisse faire contracter le cœur une seconde fois avec sa force ordinaire.

Quant à celle du sang qui revient par les veines, M.

Hales a trouvé qu'elle n'étoit qu'environ la 12ᵉ partie de celle des artères ; & ainsi, il s'en faut de beaucoup qu'elle ne puisse mettre le cœur en mouvement ; car même cette 12ᵉ partie ne produira que les $\frac{4}{27}$ de son effet naturel, ou $\frac{148}{1000}$ de la force entière du sang.

Ne faut-il pas, pour entretenir la vie, qu'une puissance mouvante, de l'existence de laquelle personne ne peut douter, répare continuellement les forces du cœur ? Et en faut-il chercher une autre que celle qui donne à nos bras & à nos jambes de nouvelles forces, à mesure qu'elles ont de plus grandes résistances à surmonter ?

EXPÉRIENCE XXI.

Manière d'injecter les Liqueurs.

1. QUOIQUE je fusse persuadé que d'habiles anatomistes eussent poussé dans ces derniers temps l'art d'injecter à un grand degré de perfection ; cependant, comme ils préparoient les vaisseaux qu'ils devoient injecter, avec de l'eau qu'ils y poussoient à l'aide d'une seringue, & qu'ils se servoient du même instrument pour introduire leurs liqueurs colorées fondues, ils ne pouvoient pas s'assurer du degré de force avec lequel ils injectoient la liqueur ou l'eau, de manière qu'ils fussent à l'abri de rompre les plus petits vaisseaux, de causer d'autres désordres par une injection trop forte : c'est pourquoi, dans la vue de remédier à cet inconvénient, j'ai cru qu'il étoit plus sûr & plus utile de laver les vaisseaux sanguins, en y faisant couler de l'eau d'une hauteur perpendiculaire qui ne lui donnât pas plus de force que n'en a le sang artériel ; après quoi, les vaisseaux étant bien nettoyés, on feroit les injections des liqueurs colorées, en

les verſant au travers de tubes de fer chaud , d'une
longueur que l'expérience démoñtreroit être la
plus convenable. J'eſpérois pouvoir par cette méthode porter l'art d'injeƈter à un plus grand degré
de certitude & de perfeƈtion; mais, quoiqu'elle
n'ait pas réuſſi auſſi-bien que je l'euſſe cru, je ne
crois pas qu'il ſoit hors de propos de rapporter les
ſuccès de quelques eſſais que j'ai faits, afin que
des anatomiſtes plus induſtrieux puiſſent juger s'il
ne conviendroit point de la pourſuivre plus loin;
en quoi je me perſuade qu'ils ne perdront point
leurs peines.

2. Quand je voulus injeƈter des liqueurs colorées dans les vaiſſeaux ſanguins d'un chien, ayant
fixé un tube haut de 4 pieds & $\frac{1}{2}$ à la carotide
gauche, & après avoir ouvert les deux veines jugulaires, j'y faiſois couler de l'eau auſſi chaude
que le ſang, afin de vider exaƈtement ces vaiſſeaux; enſuite, auſſitôt que le chien étoit mort,
j'ouvrois l'abdomen ſi j'avois deſſein d'injeƈter les
parties inférieures, & je coupois la veine-cave
deſcendante & la veine-porte, afin de donner lieu
à l'eau d'y pouſſer le ſang qu'elle faiſoit ſortir des
artères correſpondantes; car le ſang, ne pouvant
paſſer au travers du foie après la mort de l'animal,
s'arrêtoit de telle ſorte dans la veine-porte, qu'il
en ſortoit avec impétuoſité quand on la coupoit.
Après ces préparations, je faiſois couler l'eau du
tube dans les artères, & j'entretenois ſon écoulement, ſoit par le moyen d'un grand vaiſſeau plein
d'eau tiède dont elle ſortoit, ſoit en la verſant
par un entonnoir; je continuois cette manœuvre
pendant une demi-heure ou une heure, quelquefois plus, juſqu'à ce que l'eſtomac & les inteſtins
fuſſent devenus blancs.

3. Alors, ouvrant le thorax, j'ai fixé un tuyau de cuivre à l'aorte descendante : ce tuyau étoit attaché à un canon de mousquet que j'avois échauffé en y faisant couler plusieurs fois de l'eau bouillante, avec laquelle je les remplissois toujours jusqu'à ce qu'elle manquât. Sa plus considérable extrémité étoit un peu enfoncée dans un vaisseau plein d'eau chaude. Alors, la liqueur que l'on devoit injecter étant suffisamment chaude, j'en remplis le canon de mousquet par le moyen d'un entonnoir de fer que j'avois adapté à la partie extérieure du canon, afin de lui donner un plus large orifice, pour que la liqueur coulât avec plus de vitesse.

4. Je n'avois point mis d'abord de robinet de cuivre au bas du canon de mousquet; mais, m'étant apperçu que la première portion de liqueur qui couloit dans les artères avant que le mousquet fût plein, ne pouvoit point aller jusqu'aux extrémités des vaisseaux, faute d'une vitesse suffisante qu'elle eût acquise si elle fût tombée d'une plus grande hauteur perpendiculaire, j'attachai, pour remédier à cet inconvénient, un robinet de cuivre à l'extrémité du mousquet, que je tenois fermé jusqu'à ce que l'entonnoir & le canon fussent pleins de liqueurs, après quoi je l'ouvrois, pour laisser à la liqueur un libre cours avec plus d'impétuosité. Cette méthode me réussit quelquefois très-bien, quelquefois aussi elle ne réussissoit pas mieux que l'autre; ce qui me fit soupçonner que le vermillon, à cause de sa gravité spécifique, s'arrêtoit en trop grande quantité vers l'extrémité du canon de mousquet avant que l'on eût ouvert le robinet.

5. Un des canons de mousquet avoit 4 pieds & $\frac{1}{2}$, & l'autre 5 pieds & $\frac{1}{2}$ de longueur ; je m'en suis

quelquefois fervi féparément, & quelquefois je les ai réunis dans un feul tube. Cette hauteur de 10 pieds ne caufoit point d'extravafation dans les injections.

6. Je me fervois du mélange fuivant ; favoir, de la réfine blanche & du fuif, de chacun trois onces, fondues & paffées au travers d'un linge, auxquelles j'ajoutois trois onces de vermillon ou d'indigo bien pulvérifé, que je mêlai d'abord fort bien avec huit onces de térébenthine à vernir. J'ai eu obligation de cette recette à M. Ranby.

7. Je tenois les inteftins échauffés ou par l'eau chaude que l'on y verfoit fouvent, en les couvrant d'un drap mouillé que l'on arrofoit fréquemment de cette même eau, ou en plongeant le chien entier dans l'eau chaude. Je croyois que l'expérience réuffiroit mieux fi l'eau étoit auffi chaude que celle dont j'ai parlé dans l'Expérience XVe, nombre 11 ; car le degré de chaleur, (comme nous l'avons obfervé dans cet endroit) ne difpofe pas feulement les vaiffeaux capillaires à céder plus aifément, mais encore en fe réuniffant, pour ainfi dire, à la chaleur de la liqueur injectée, elle ne fe refroidit pas fi vîte, & par conféquent a plus de temps pour s'introduire dans les plus petits vaiffeaux. Cette introduction eft beaucoup aidée par la preffion conftante de la colonne de liqueur contenue dans les tuyaux de moufquet, & pour cette raifon je ne les ôtois point que tout ne fût froid.

8. J'efpérois, par ce moyen, introduire la liqueur colorée que j'injectois, jufque dans les plus petits vaiffeaux qui communiquent immédiatement des artères aux veines ; mais cela ne réuffit pas auffi-bien que je m'y attendois, quoique l'in-

jection paſſât des artères dans les veines de l’eſtomac, des boyaux, de la veſſie urinaire, mais particulièrement de la véſicule du fiel, & qu’elle en-
traînât quelquefois avec elle un peu de vermillon
& quelquefois point du tout. J’ai une véſicule de
fiel qui a été injectée par la liqueur tombante
d’un tuyau haut de 4 pieds & $\frac{1}{2}$, ſans que l’on
eût placé de robinet à une de ſes extrémités : les
vaiſſeaux du chien dont elle a été tirée, furent
lavés pendant cent minutes avec de l’eau qui tom-
boit de 9 pieds & $\frac{1}{2}$ de hauteur. Les artères & les
veines de cette véſicule étant injectées, il y avoit
une grande quantité de vermillon dans les veines,
quoique beaucoup moins que dans les artères ; je
pus voir clairement çà & là, par le moyen du
microſcope, les extrémités artérielles injectées
juſqu’à la paroi de la veine dans laquelle elle ſe
décharge à angles droits, de façon que le ſang
circule par une anaſtomoſe immédiate entre les
veines & les artères, ſans aucune interpoſition de
cavités glanduleuſes.

9. La communication immédiate des artères &
des veines, paroît ſe faire de la manière ſuivante.
Les artères, qui ſont convergentes & qui s’anaſto-
moſent entr’elles, renvoient chacune de leurs côtés
convergens des branches à angles droits ſur ces mêmes côtés, leſquelles ſe diviſent d’abord comme
les doigts de la main en divers rameaux plus déliés, & ceux-ci en d’autres, en plus petit ou plus
grand nombre, ſuivant la maille ou aréole du ré-
ſeau à laquelle ils doivent atteindre. De-là, ces
ram... s’enfoncent à-la-fois à angles droits ſous
les veines, en les pénétrant auſſi à angles droits,
les uns dans les grandes veines convergentes, d’autres en de moindres veines, leſquelles, ainſi que

les artères, se divisent en rameaux à angles droits,
& forment des réseaux ou aréoles. Mais les mailles
ou aréoles sont plus grandes entre les artères convergentes, plus régulièrement rectangulaires, que
celles des veines qui font des mailles plutôt circulaires.

10. La grande disproportion qu'il y a entre la
force du sang artériel & celle du veineux, montre
combien il étoit nécessaire, non-seulement qu'il
y eût toute sorte de communication entre des veines & des artères si déliées, que les globules de
sang y passent l'un après l'autre seulement, mais
encore que le sang n'eût à passer des artères qu'à
angles droits, & entrer de même dans les veines à
angles droits, ce qui contribue beaucoup à modérer son impétuosité, sur-tout dans des canaux si
fins ; sans cela le sang artériel couleroit dans les
veines avec une telle rapidité, que par-là les forces
du sang artériel & du veineux seroient presque à
l'équilibre ; d'où il suivroit évidemment que le
sang ne sauroit être poussé à travers les plus petits
vaisseaux, sans compter plusieurs autres inconvéniens. Mais les extrémités des artères ne sont pas
de même par-tout ; il en est qui ne forment pas
des réseaux, de façon que le passage du sang artériel est différent suivant les différentes parties.

11. Ayant vu par les Expériences XV & XVI,
que quand l'eau avoit long-temps passé à travers
les artères, elle étoit propre à resserrer les vaisseaux en dilatant les parties voisines ; & ensuite
ayant observé (Expérience XXIII, n°. 7.) que
quand les parois de l'estomac avoient été remplies
d'eau, on faisoit, en soufflant dedans, couler l'eau
hors de leur tissu ; il semble que ce seroit une
bonne méthode que de distendre, par le moyen

de l'air, les boyaux & l'eſtomac pour quelque temps, afin d'en faire ſortir l'eau logée dans leur tiſſu : ainſi, l'on feroit ſortir le ſang hors des vaiſſeaux, ſur-tout ſi l'on tenoit l'animal dans de l'eau chaude. Il y a apparence que les injections, après cela, réuſſiroient mieux, ſur-tout ſi une des artères crurales étoit ouverte, & qu'on fît une ligature alentour, laquelle pourroit être ſerrée ſitôt qu'on auroit mis dehors l'air ou l'eau pouſſés dans l'aorte avant l'injection de la liqueur, ſans quoi cet air ou cette eau s'engageroit dans les plus petits tuyaux capillaires, & empêcheroit l'injection de pénétrer auſſi loin qu'elle doit aller.

12. Il paſſoit toujours du vermillon dans la cavité des boyaux, quoique l'injection ne fût pouſſée qu'avec la force du ſang ou d'une colonne de 4 pieds $\frac{1}{2}$ de hauteur ; & c'étoit la même choſe, ſoit que l'injection ſe fît dans l'aorte ou qu'elle ſe fît dans la veine-porte ; car, en ces deux cas, les filets de vermillon pouvoient ſe voir avec un microſcope dans la membrane muqueuſe des boyaux.

13. Comme il ne paſſe point de vermillon dans les vaiſſeaux lymphatiques, dans les cellules graiſſeuſes, ni dans les parties extravaſées, quoique l'eau y paſſe ; c'eſt une preuve que l'eau, qui n'étoit pas pouſſée avec une plus grande force que le vermillon, n'avoit déchiré aucun vaiſſeau quand elle s'extravaſoit, mais qu'elle paſſoit à travers les ſecrétoires les plus déliés & les pores des vaiſſeaux, que le ſang gluant ne peut pénétrer.

14. J'ai vidé le ſang des vaiſſeaux d'un chien, avec 10 pintes d'eau dans laquelle j'avois diſſous cinq onces de nitre, pour voir ſi cette liqueur laveroit mieux les vaiſſeaux ; mais l'effet a été fort différent ; car toutes les parties du corps reſtoient

rouges, quoiqu'elles euſſent été lavées; de façon
que le nitre, qui attiroit fortement les parties les
plus ſulfureuſes du ſang, les fixoit dans tous les
tuyaux. C'eſt une choſe digne de remarque, que
cette eau nitreuſe n'excitoit aucunes convulſions
dans les muſcles du chien, quoique l'eau pure,
en paſſant dans les artères, en excitât conſtamment. Tout le ſang de ce chien étoit fort vif quand
il couloit hors de la jugulaire.

15. Quand j'injeƈtois quatre pintes d'eau dans
les artères du chien, (ayant diſſous deux onces
de ſel ammoniac dans cette eau) toutes les parties
étoient auſſi fort rouges; mais je négligeai de voir
ſi les muſcles étoient en convulſion.

EXPÉRIENCE XXII.

Sur la force des Fluides.

1. Après avoir vu pluſieurs preuves de la
grande force que le ſang exerce contre les artères
& les veines, quand l'animal fait des efforts, j'ai
cru qu'il ne ſeroit pas inutile d'examiner la force
des parois des artères.

2. J'ai verſé du mercure dans un ſiphon de verre
renverſé; enſorte que la plus courte jambe, qui
étoit ſcellée hermétiquement, étoit remplie à 4
pouces au deſſous du bouchon; j'ai fixé à l'autre
extrémité ouverte du ſiphon, à l'aide d'un tuyau
de cuivre, l'artère carotide d'un jeune épagneul,
& l'autre bout de la carotide étoit appliqué à une
ſeringue propre à comprimer l'air; alors mettant
l'artère dans l'eau, pour voir ſi rien n'en pourroit
ſortir, j'ai introduit une telle quantité d'air, que

le mercure a condensé celui que j'avois laissé entre
l'extrémité scellée du siphon & la surface du vif-
argent, à un tel point que j'ai estimé la force de
l'air comprimé, égale au poids d'une colonne d'eau
de 190 pieds de hauteur, lequel poids est égal à
celui de 5.42 atmosphères. Cette force fit crever
l'artère tout-à-coup ; mais avant cet accident l'air
n'en sortoit pas du tout.

3. Le diamètre de cette artère étant de 0.1
pouce, la circonférence est de 0.314 ; la surface
d'un pouce en longueur de cette artère sera 0.314
d'un pouce quarré. A présent une colonne d'eau
dont la base est d'un pouce quarré, & la hauteur
de 19 pieds, pesant 81.9 livres, 0.314 parties de
cette surface donneront 25.71 livres, égales à la
force que soutenoit la longueur de cette artère
quand elle creva ; & son diamètre étant de 0.1
pouce, la dixième partie de 81.9 livres, ou 8.19
livres, est la force qui étoit requise pour faire
éclater séparément les fibres dans un pouce en
long de la plus grande section de cette artère. La
force du sang artériel du chien ne le poussant qu'à
80 pouces de hauteur dans un tube, n'est que $\frac{1}{26.7}$
partie de la plus grande force des artères, comptant la différence des gravités spécifiques du sang
& de l'eau.

4. Quand les vélocités du pouls augmentent par
le mouvement violent du corps, savoir, dans un
homme, de 75 à 100 pulsations, & dans un chien,
de 97 à 142 par minute, les quantités poussées
hors du ventricule gauche du cœur ne sauroient
augmenter dans cette même proportion ; car le
ventricule gauche ne sauroit recevoir ni pousser
dehors plus de sang dans une pulsation très-prompte
que dans chaque pulsation lente, ainsi qu'elle est

dans l'état naturel. Outre que la force du sang venant à augmenter dans les artères, & à couler plus vîte dans les tuyaux capillaires, ces tuyaux en feront plus dilatés, tant par la force du sang plus grande, que par sa chaleur. Il est donc raisonnable de conclure que, dans les grands mouvemens du corps, & quand le pouls est le plus fréquent & le plus plein, les forces du sang n'augmentent pas de 80 à 170 pouces; mais plus vraisemblablement on peut supposer qu'elles ne surpassent pas 100 pouces, ce qui est la $\frac{1}{21.5}$ partie de celle qui fait crever les artères.

5. L'artère carotide de la jument de l'Expérience III étoit si forte, que ma machine à condenser l'air ne put la faire crever.

6. Une force égale au poids d'une colonne d'eau de 76 pieds de hauteur, fit crever la veine jugulaire, mais dans un endroit où le diamètre étoit augmenté du double, à cause de plusieurs saignées qu'on y avoit faites; l'autre partie de la veine, qui avoit $\frac{1}{2}$ pouce de diamètre, soutint, avant que de crever, le poids d'une colonne d'eau de 144 pieds de hauteur. La jugulaire d'un autre cheval soutint, sans crever, un poids égal à la hauteur de 148 pieds d'eau; mais l'air s'échappoit un peu, ce qui prévint la crevasse.

7. Cette veine étant de 0.5 pouces en diamètre, un pouce en longueur de sa surface sera de 1.57 pouces quarrés; & une colonne d'eau d'un pouce de base, sur 148 pieds de hauteur, sera égale au poids de 62.9 livres, lesquels multipliés par l'aire d'un pouce en longueur de la veine, font 97.75 liv. lequel poids, un pouce en longueur de la veine soutint sans crever; & l'aire de sa plus grande section en longueur, étant 0.5 pouces quarrés, les

fibres, dans cette section, soutenoient 31.45 liv. sans casser.

8. A présent, supposé que la force ordinaire du sang dans la jugulaire d'un cheval, soit égale à 12 pouces de hauteur de sang, ce ne sera que la $\frac{1}{137.2}$ de la force qu'elle soutint sans crever; & quand le cheval faisoit des efforts pour réparer ses pertes, le sang s'élevoit 52 pouces dans le tube fixé à la jugulaire; & il se seroit élevé jusqu'à 60 pouces environ, si le tube eût eu cette longueur, ce qui ne fera pourtant que $\frac{1}{27.4}$ partie de la force que cette veine peut soutenir.

9. J'ai poussé de l'air dans une pièce de la jugulaire d'un chien, avec une force d'environ le poids de cinq atmosphères, ou d'une colonne d'eau de cinq fois 35 pieds de hauteur = 165 pieds; mais cette force ne fit pas crever la veine, une ligature seulement lâcha.

10. Le diamètre de la veine étant 0.25 pouces, la surface d'un pouce en longueur en fera 0.785 pouces quarrés, ce qui, étant multiplié par 76.1 liv. poids d'une colonne d'eau d'un pouce de base sur 165 pieds de hauteur, donne 59.7 livres, lequel poids pressoit un pouce en longueur de cette veine: son diamètre étant 0.25, l'aire de sa plus grande section longitudinale étoit 0.25 pouces quarrés, qui, multipliés par 59.7, donnent 14.9 livres, poids que soutiennent les fibres de cette section.

11. Les forces ordinaires du sang dans la jugulaire du chien, étant d'environ 5 pouces, ce n'est que la $\frac{1}{396}$ partie de la force que cette veine soutint sans crever; & si nous mettons que dans les efforts, le sang ait monté (comme il fit au chien plus âgé, n°. 10) à 24 pouces dans le tube, [*voy. la Table* Expérience VIII], alors cette force sera

$\frac{1}{83}$ partie de celle que la veine a foutenu, tenant toujours compte de la différence des gravités fpécifiques du fang & de l'eau. Comme il y a fans doute une différence entre les forces des fibres des jeunes animaux & celles des vieux, j'ai eu intention de les comparer dans les artères, veines & boyaux ; & fi l'on cherchoit la différence des forces du périofte & du ligament, de la même façon que ci-deffous, n°. 29 de cette Expérience, fur les jeunes & vieux fujets, on la trouveroit fort grande.

12. Nous voyons en ces exemples la grande force des parois de nos vaiffeaux ; nous avons donc grande raifon de dire à notre Créateur, avec un cœur pénétré de fentimens de reconnoiffance, comme le faint homme Job, quand il contemploit la ftructure ferme & admirable, & la force de fon corps : (*Job XII.*) *Vous ne m'avez pas muni feulement d'os & de nerfs*, mais vous avez mis auffi les liqueurs qui me vivifient en fûreté, dans des conduits fi forts & fi bien conftruits, qu'ils font à l'épreuve des plus vifs & vigoureux affauts, foit de nos paffions diverfes, foit des mouvemens forts & rapides de nos corps.

13. Nous avons ci-deffus calculé & trouvé, que la force du fang artériel des chiens n'étoit pas, dans leurs plus grands efforts, à la naturelle, dans un plus grand rapport que celui de 100 à 80, c'eft-à-dire, plus grande de $\frac{1}{5}$. Mais la différence dans les forces du fang veineux eft plus grande ; car dans la jument le fang s'éleva de 12 pouces à 52 pouces, & probablement jufqu'à 60 pouces ; c'eft-à-dire, que la force devint 5 fois plus grande que la naturelle ; & dans le chien le fang s'éleva de 5 pouces jufqu'à 24, ce qui eft 5 fois plus.

14. Nous avons obfervé, dans l'Expérience VII,

n°. 4, que lorſque le ventre du chien étoit preſſé avec la main, le ſang s'élevoit conſtamment à quelques pouces de plus dans le tube attaché à ſon artère, & deſcendoit enſuite auſſitôt que la preſſion finiſſoit ; de façon que la force augmentée du ſang dans les veines, paroît être principalement due à la conſtriction de l'abdomen ; car, quand nous faiſons des efforts, ſoit en élevant quelque poids ou d'une autre façon, nous contractons toujours l'abdomen, ce que nous faiſons par le moyen des muſcles qui l'environnent. La preſſion du diaphragme, en ce cas, eſt encore aidée par l'air que l'on retient dans les poumons & dans la poitrine, & qui y demeure enfermé, ne pouvant dans ce temps ſortir par le nez ou par la bouche, parce que l'on n'expire point ; & de même que nous ne pouvons pas retenir long-temps notre haleine, de même auſſi nous ne pouvons pas faire pendant long-temps nos plus grands efforts, ſans prendre de temps en temps quelque relâche. Pendant ces efforts, nous voyons conſtamment les veines du cou, du front & des tempes beaucoup plus diſtendues, le ſang y étant alors pouſſé avec force par la conſtriction de l'abdomen, dont les veines conſidérables ſont remplies de ce fluide ; car on obſerve que la quantité & la capacité de toutes les veines du corps eſt plus conſidérable que celle des artères.

15. Quand le ſang eſt ainſi comprimé fortement dans les veines, ſon cours doit être proportionnellement retardé dans les artères ; ce qui fait que, s'y accumulant, il acquiert une force ajoutée de 4 pieds de hauteur perpendiculaire, ce qui eſt en tout égal à 13 pieds $\frac{1}{2}$ dans la jument lorſqu'elle faiſoit des efforts. La force ſur-ajoutée dans le chien lorſqu'il fait des efforts, eſt de 24 pouces,

ce qui rend le total égal à 8 pieds 8 pouces : c'eſt par cette raiſon que le ſang, étant pouſſé plus fortement dans les muſcles, les fait contracter avec plus de vigueur.

16. Mais le cours libre & naturel du ſang artériel dans les veines, eſt non-ſeulement retardé par la compreſſion de l'abdomen ſur les veines qui y ſont contenues, mais encore quand ces veines (que l'on peut regarder comme de grands réſervoirs des fluides néceſſaires & trop abondans) réſiſtent trop par leur pléthore à cette compreſſion, le cours libre du ſang artériel en eſt encore empêché d'autant ; & le cœur étant dans ce cas ſemblable à un moulin à eau, dont la roue ſeroit pouſſée par des flots venant de tous côtés, ſa force doit néceſſairement s'abattre & devenir languiſſante : c'eſt dans ce cas que tout le monde ſait qu'il eſt rétabli dans ſa première vigueur par le moyen de la ſaignée.

17. Quand le cours du ſang eſt retardé par quelque défaut particulier dans quelques parties, il en paſſe alors une plus grande quantité dans les autres parties ; c'eſt pourquoi ceux qui ſont mutilés, ſont ordinairement ſujets à des hémorragies ; par la même raiſon auſſi, le ſchirre du foie ou de la rate, occaſionne des vomiſſemens de ſang. On explique encore par-là pourquoi le volume du foie augmente lorſque la rate eſt coupée.

18. Comme la force du ſang dans les artères & dans les veines, eſt beaucoup augmentée par la preſſion plus forte de l'abdomen ſur les vaiſſeaux ſanguins, de même auſſi elle eſt beaucoup diminuée par une moindre compreſſion ; c'eſt pourquoi dans l'hydropiſie, lorſque l'on tire une trop grande quantité d'eau à-la-fois par l'opération, le malade
eſt

est en danger de ne la pouvoir pas supporter sans
mourir. C'est aussi dans la crainte de cet inconvénient, que, lorsqu'il y a beaucoup d'eau dans la
cavité du bas-ventre, on ne la fait sortir qu'à plusieurs reprises, afin de donner le temps aux parties
dilatées de l'abdomen de se contracter, & de comprimer suffisamment les vaisseaux sanguins qui sont
larges & amples, pour pouvoir contenir les quantités de fluide plus considérables dont ils sont remplis quelquefois après le repas.

19. C'est ainsi que nous voyons qu'une petite
évacuation, produite par une clystère, fait tomber quelquefois un malade en défaillance; preuve
que la force vitale du sang est alors diminuée.

20. C'est pourquoi une diarrhée, ou une pur-
gation, doit visiblement diminuer la vigueur du
sang, non-seulement par la grande quantité de
sérosité qui se décharge dans ces circonstances dans
les intestins, mais encore en évacuant simplement
ces cavités. Dans ces cas de diminution du sang,
la surface du corps, bien loin de transpirer aussi
considérablement qu'à l'ordinaire, est quelquefois
plutôt disposée à absorber les particules extérieu-
res, ce qui nous rend plus sensibles aux effets du
froid.

21. Lorsque les vaisseaux sont vidés à un certain point par la saignée, la quantité de sang étant
moindre dans les artères & dans les veines, il en
doit passer moins en temps égaux dans les ventricules du cœur, qui trouve aussi proportionnellement moins de résistance de la part des artères,
ce qui fait que la force du pouls diminue; & le
sang, étant par la même raison poussé avec moins
de force dans les vaisseaux capillaires, y essuie un

moindre frottement, & se refroidit par conséquent davantage.

22. Quand on ouvre une veine, le sang y coule alors non-seulement plus vîte, mais encore dans l'artère correspondante ; ce qui fait que le succès des saignées est plus heureux lorsque l'on saigne près de la partie affectée, parce qu'alors les vaisseaux capillaires de cette partie, dans lesquels le cours ordinaire du sang est arrêté, seront par ce moyen plutôt débarrassés, que si l'on saignoit d'un côté plus éloigné : cela réussira principalement au commencement de la maladie, dans le temps que l'obstruction n'est point encore trop grande ; car, dans ce dernier cas, la saignée augmenteroit plutôt l'inflammation qu'elle ne la diminueroit. Comme la saignée faite à propos & en quantité convenable, ou omise avec circonspection, est souvent de la dernière conséquence pour un malade ; elle demande aussi toute la prudence d'un habile médecin, pour savoir quand & en quelle proportion on doit la faire pour diminuer la force du sang. Et en général, puisque le corps humain est une machine si artificieusement composée, que la santé dépend de l'accord d'un nombre infini de circonstances, il ne faut pas s'étonner qu'il faille la main d'un habile médecin pour le rétablir lorsqu'il est dérangé. Si les empiriques hardis étoient bien convaincus de ceci, ils ne se hasarderoient pas avec autant de sécurité ; mais leur ignorance est ce qui plaide le mieux en leur faveur.

23. Quoique la force des parois des artères & des veines les plus déliées, soit proportionnellement plus petite à mesure que leur diamètre diminue ; cependant, puisque la somme des pressions est proportionnelle aux surfaces internes de ces

vaisseaux, la hauteur du fluide étant la même, la force des parois des plus petits vaisseaux, pourra être égale ou même supérieure aux plus grands efforts que les liqueurs qu'elles contiennent pourront faire; de même aussi, les parois des plus grands vaisseaux résistent aux efforts du sang. Les forces sont donc comme les circonférences des tubes.

24. Mais, comme les vaisseaux lymphatiques partent des extrémités des artères capillaires, & se trouvent comme hors du cours de la circulation, ils ne doivent pas soutenir le plein effort du sang artériel; mais ils servent à séparer lentement & à conduire la partie la plus délayée du sang, qui est destinée à la nutrition, transpiration, &c: aussi la force de leurs parois est-elle moindre que celle des vaisseaux sanguins, comme il conste par l'Expérience XIV, n°. 6, où, quand l'eau couloit dans les artères avec une force qui n'étoit pas plus grande que celle du sang artériel, elle passoit librement, étant fort délayée, à travers les vaisseaux sécrétoires, & dilatoit sensiblement toutes les parties du corps; & l'on observe que, comme la force élastique de ces vaisseaux, & celle de la liqueur qui y coule, est fort petite, les obstructions se font plutôt dans les glandes où ces vaisseaux sont en fort grand nombre & fort entortillés.

25. Quoique dans un animal vivant il arrive fort rarement (si toutefois cela arrive) que toutes les parties du corps soient aussi généralement dilatées & surchargées de fluide que nous l'avons vu dans les expériences faites sur les chiens; cependant il arrive souvent qu'à l'occasion de la suppression de quelque évacuation ordinaire au

travers des conduits excrétoires, les autres augmentent réciproquement: par exemple, lorsque la férosité coule trop abondamment dans la cavité des inteftins dans une grande diarrhée, la tranfpiration diminue, & la falive eft en moindre quantité; au contraire, dans l'efquinancie, la falive abonde, parce que le cours du fang eft arrêté: de même auffi, dans la petite-vérole, la quantité de la falive eft grande, parce que la tranfpiration eft arrêtée; le même arrêt de la tranfpiration produit auffi fouvent l'augmentation de la quantité de morve qui fe fépare dans le nez; la même caufe occafionne des douleurs de rhumatifme, en occafionnant un plus grand cours des fluides entre les fibres des mufcles, de la même manière que nous l'avons vu arriver dans les mufcles des chiens dont nous nous fommes fervis.

26. On a obfervé qu'en buvant une grande quantité d'eau, comme trois ou quatre pintes à-la-fois, toutes les parties du corps, & même les doigts fe gonflent: dans ce cas fans doute la partie de cette grande quantité d'eau qui n'a pas été incorporée, pour ainfi dire, dans la maffe du fang, paffe librement dans les artères lymphatiques & dans les vaiffeaux fécrétoires; c'eft pourquoi la boiffon d'eau fembleroit être utile dans plufieurs obftructions de ces vaiffeaux.

27. Puifque les parois de ces vaiffeaux font beaucoup plus foibles que celles des artères dont ils partent, & puifque les artères capillaires font affez fortes pour foutenir toute l'impétuofité du fang dans les violens exercices, & fans enfler, on peut conclure raifonnablement que les tumeurs inflammatoires & autres, doivent être attribuées

ſouvent au ſérum ou à la lymphe, qui (lorſque les artères capillaires ſont obſtruées) étant pouſ-ſée avec plus de force dans les vaiſſeaux ſécrétoi-res, & les dilatant aiſément, produit les pulſa-tions de ces tumeurs, leſquelles à leur tour preſ-ſant les vaiſſeaux ſanguins, comme il a été ob-ſervé dans l'Expérience XVI, n°. 3, ſont néceſ-ſairement paſſer le ſang avec plus de difficulté dans les artères capillaires voiſines, d'où il ſuit un plus grand frottement & une plus grande cha-leur : & cette chaleur inflammatoire doit s'aug-menter à un degré conſidérable, ſi les vaiſſeaux ſont dépouillés de leur paroi muqueuſe, ce qui arrive lorſque les globules eux-mêmes ſont pri-vés de leur enveloppe *huileuſe ;* c'eſt pourquoi, dans les rhumes, les vaiſſeaux ſécrétoires ſe trou-vant trop remplis, (par le défaut de tranſpira-tion) peuvent, en comprimant les artères capil-laires, produire la chaleur de la fièvre, auſſi ai-ſément qu'en détruiſant la perfection du mélange du ſang. Les anatomiſtes ont obſervé qu'en liant les veines jugulaires d'un chien vivant, & aug-mentant beaucoup par cette raiſon la force du ſang vers la tête, cette partie ſe gonfloit ; ils ont auſſi remarqué qu'en liant la veine cave, l'abdo-men ſe rempliſſoit d'eau. C'eſt ainſi que nous voyons ſurvenir des inflammations malignes, lorſ-que les globules du ſang ſont diſſous juſqu'au point de pouvoir s'introduire facilement dans les plus déliés vaiſſeaux ſécrétoires.

28. A ces expériences ſur la force des parois des vaiſſeaux ſanguins, il ne ſera pas hors d'œu-vre d'en ajouter quelques-unes que j'ai faites il y a dix ans, pour montrer la force du périoſte & des ligamens des articulations.

29. J'ai pris l'os du col du pied de la jambe gauche d'une vache, d'environ 9 femaines; cet os s'étend depuis le crochet jufqu'au pâturon auquel il eft joint par charnière: j'ai ôté de l'os tous les tendons, les ligamens & le périofte, & j'ai percé avec un forèt la tête de l'os où eft la charnière inférieure; j'ai paffé dans ce trou une petite verge de fer, qui empêchoit le nœud coulant de la corde attachée à l'os, de gliffer; j'ai attaché l'autre extrémité de l'os avec une groffe corde au feuil de la porte; & j'ai enfuite introduit le bout d'une longue barre de fer dans le nœud coulant de la corde attachée à l'extrémité de l'os où fe fait le mouvement de charnière: la barre étoit appuyée fur un point fixe, enforte qu'elle pouvoit fervir de levier: j'ai fufpendu différens poids à l'autre bras de ce levier, & j'ai trouvé que la réfiftance qu'offre cette tête d'os à fe féparer du corps de l'os à l'endroit de la fymphife, étoit égale à un poids de 119 livres, quand le périofte étoit enlevé.

30. Et ayant fait la même expérience fur l'autre os femblable de la jambe droite, à cela près que je n'en ôtai pas le périofte, je trouvai qu'elle foutenoit 550 livres.

31. Par la première de ces expériences, la ténacité de la matière vifqueufe qui joint la tête de l'os au corps par fymphife, a été trouvée égale à un poids de 119 livres, lequel ôté de 550 livres, force de ce même os garni du périofte, refte 431 livres pour la force du périofte, lequel, entr'autres ufages, eft d'un grand fecours pour fortifier & unir les os auxquels il adhère fortement. La circonférence de l'os, à l'endroit de la fymphife & de la coupe, fut environ 4 pouces, de

façon que la force de 1 pouce quarré de périofte
eft égale au poids d'environ 100 livres, laquelle
force eft beaucoup plus grande que celle que nous
avons trouvée aux tuniques des artères & des veines ; le fouverain Auteur de la Nature propor-
tionnant toujours les forces de toutes nos parties
aux différens ufages auxquels elles doivent fervir.

32. J'ai tiré féparément, de la même façon, la
jointure du genou d'une des jambes, après en
avoir enlevé les mufcles & les tendons ; & j'ai
trouvé que la force des ligamens qui embraffent
cette articulation, égaloit la force de 830 livres :
d'où l'on voit le foin que le Créateur a pris pour
prévenir les luxations de nos os, & combien il
nous a *fortifiés & munis par des os & des nerfs.*
Job. X, 11.

33. Comme nous avons trouvé qu'il falloit
une force de 550 livres pour féparer la fymphife
dont il a été queftion ci-deffus, de même, dans
l'accroiffement en long de l'os à cette jointure,
la nature doit exercer un femblable pouvoir : non
que nous devions fuppofer que ces fibres font tirées de force, ainfi que dans cette expérience,
vers leurs extrémités. La nature, devant alonger, pour l'accroiffement du corps, les fibres offeu-
fes, fe fert de la chaleur pour produire cet effet :
la chaleur exerçant fa force fur chaque point de
la fibre, doit l'alonger par degrés ; mais cependant la fomme entière de ce pouvoir doit être fupérieure à la réfiftance de toutes les fibres qui
uniffent cette jointure.

34. Il ne fera pas hors de propos d'ajouter ici
des expériences qu'a faites fur ce fujet l'ingénieux
& favant profeffeur Pierre van Muffchenbroeck
d'Utrecht, avec diverfes fubftances animales. « De

» simples fils de foie, tels que font ceux que l'on
» tire des cocons où la chryfalide a été renfer-
» mée, ont foutenu le poids de 80, 85 à 90 grains,
» avant que d'être rompus. » *Intr. à la Cohér. des
corps folides, page 520.*

35. Cinquante-fept de ces filets, tels qu'on les
tire du cocon, & un peu tors enfemble, for-
moient un fil de la groffeur d'un cheveu de tête,
lequel ne put être caffé que par le poids de 4845
grains, enforte que chacun des fils foutenoit en
fon particulier le poids de 85 grains.

36. Un cheveu pris à la tête d'un jeune homme
fain, & 57 fois plus gros que ces fils qu'on tire
des cocons des vers à foie, foutint jufqu'au poids
de 2069 grains, & fe rompit enfuite.

37. Sept de ces cheveux étant entortillés légè-
rement, étoient gros comme un crin de cheval;
&, n'étant pas tortillés, ils foutenoient 9635
grains.

38. Un crin de cheval foutint 7970 grains,
ou 7920 grains; ainfi le crin, qui étoit 399 fois
plus gros que le fil de foie, ne foutenoit que
7970 grains, au lieu que 399 fils de foie auroient
foutenu 33915 grains; ce qui eft 4, 2 fois plus.

39. Un fil d'araignée, feize defquels égalent
un cheveu humain, foutenoit 150 grains, & feize
de ces filets 2400 grains.

40. Vingt-trois fibres ou filets de lin, qui tous
enfemble égaloient l'épaiffeur d'un crin de cheval, foutinrent 11710 grains: chacun de ces filets,
vu au microfcope, ne fembloit compofé que de
14 filets au plus.

41. A préfent, fuppofant tous ces filets ci-deffus mentionnés être de la groffeur d'un crin de
cheval, le nombre des grains que chacun foutien-

dra fera, pour le fil de foie, . . . 33915
       pour le fil d'araignée , . . 15800
       pour le fil de lin, . . . 11710
       pour un cheveu, ... 9635
       pour un crin, ... 7970
D'où il s'enfuit que les filets les plus déliés font les plus forts.

42. Une corde de boyau ou violon, de même groffeur que le crin de cheval, foutint un poids trois fois plus grand.

43. Une courroie de cuir de vache, ayant 0.4 douzièmes de pouce de largeur, fur 0.0.8 d'épaiffeur, foutint à peine 80 livres.

44. Une courroie de cuir de bœuf, étant égale à 0.4 douzièmes de pouce de largeur, fur 0.18 d'épaiffeur, foutint 380 livres : d'où l'on peut eftimer la force des courroies qui fufpendent les chaifes de pofte ; car fi une bandelette de 4 lignes $= \frac{1}{3}$ de pouce de large, foutient 380 livres, une de 3 pouces de large foutiendra 3420 livres, & vingt pareilles, bien graiffées & jointes enfemble pour faire une courroie, foutiendront 68400 livres, poids d'Amfterdam, qui, étant à la livre d'Angleterre comme 93 à 100, donneront 63612 livres angloifes. Le pouce du Rhin, dont fe fert M. Muffchenbroeck, eft au pouce anglois comme 0.752 à 1.

45. Il prouve auffi par bien des expériences, que les cordes torfes foutiennent un bien moindre poids que ne foutiendroient enfemble tous les filets non tors qui la compofent ; & qu'un fil de chanvre, de la groffeur d'un cheveu de femme, eft plus fort qu'un fil qui eft tors à l'ordinaire, dans le rapport de 170 à 20 : découverte d'un grand ufage en bien des cas.

46. On fait que les cordes torfes fe raccourciffent par l'humidité, cette humidité dilatant les filets tors, d'où il s'enfuit que la corde perd de fa longueur; au contraire, les filets fimples & qui ne font pas tors, fe relâchent par l'humidité, comme font les fibres des animaux, quoique point tant que celles du lin.

EXPÉRIENCE XXIII.

Sur la force de l'Eſtomac.

1. J'AI fait des expériences hydrauliques & hydroſtatiques, non-feulement fur les artères & les veines, mais auffi fur le tuyau inteſtinal, en attachant de la même façon des tubes de verre de différentes hauteurs à chaque bout, tandis que les boyaux étoient chauds.

2. J'ai fixé un tube au gofier d'un chien, & j'ai verfé de l'eau chaude dans l'eſtomac, jufqu'au point que la liqueur fe foutenoit à 36 pouces de hauteur dans le tube au deffus de l'eſtomac : cette force le fit crever à la partie fupérieure en long vers le pylore; en ce lieu, l'eſtomac n'avoit que 7 pouces $\frac{1}{2}$ de tour. Cette force ne fit pas paffer l'eau dans le pylore, quoiqu'en d'autres cas elle ait coulé dans les boyaux. L'eſtomac d'un autre chien creva vers la partie gauche la plus renflée, par une colonne d'eau de 30 pouces.

3. En mefurant l'eſtomac diſtendu d'un autre chien, j'ai trouvé toute fa furface égale à 80 pouces quarrés, qui, étant multipliés par 36, hauteur de l'eau dans le tube, donne 2880 pouces cubes d'eau, ou 104 livres pefant d'eau, qui preffoient les parois de l'eſtomac; & comptant

30 pouces quarrés pour la section transverse la plus grande de l'estomac, la pression de l'eau contre les fibres de cette section de l'estomac, quand il creva, fut de 39 livres : ce qui montre combien MM. Borelli & Pitcarn se sont mépris, quand ils ont estimé la force des fibres de l'estomac égale à 12951 livres, puisque nous pouvons avec raison conclure que la force de ses fibres ne sauroit être plus grande durant la vie, que celle qui les rompt un instant après la mort ; & que la force avec laquelle le diaphragme & les muscles de l'abdomen pressent sur l'estomac, ne peut être, dans nos plus grands efforts, supérieure au poids d'une colonne de mercure de 2 pouces de hauteur, & dont la largeur seroit égale à leurs aires ou sections, comme je l'ai fait voir Expérience CXVI de la *Statique des Végétaux*, *p. 221*. De même aussi, que la somme des pressions du diaphragme & des muscles de l'abdomen, & de l'estomac même, sur ce qui est contenu dedans, ne soit pas égale, à beaucoup près, au poids de 2 pouces de mercure ; c'est ce qui est démontré dans l'*Appendice du même ouvrage*, Expérience VII, page 335, où il a été trouvé, par une jauge de mercure fixée au tuyau d'un large soufflet de forgeron, que ses plus grands coups peuvent à peine élever deux pouces de mercure dans la jauge. Et puisqu'un pareil coup de vent est manifestement plus grand que la plus forte bouffée ou éructation d'air de l'estomac le plus distendu, il suit que l'estomac même dans sa plus grande distension ne peut comprimer ce qu'il contient avec cette force.

4. Si nous supposons la surface de l'estomac plein égale à 80 pouces quarrés, & que ce qu'il contient est comprimé par sa contraction, & par

celle du diaphragme & des muscles de l'abdomen, avec une force égale au poids d'une colonne de mercure de 1 pouce de hauteur, alors la force totale de la pression sur les matières contenues, sera égale à 39 livres, qui est à peu près le poids de 80 pouces cubes de mercure : mais comme cette force semble trop grande en comparaison de la vitesse avec laquelle l'air sort des soufflets, quand il a la force d'élever le mercure à 1 pouce de hauteur dans la jauge, je crois que la moitié de cette force, c'est-à-dire environ 20 livres, approcheroit plus de celle avec laquelle l'estomac rempli presse les alimens.

5. Une pression si petite ne peut produire qu'un petit effet, lorsqu'il s'agit de hâter la digestion des alimens ; c'est pourquoi on l'attribue avec beaucoup de raison à plusieurs autres causes, comme à la comminution qu'ils éprouvent par la mastication, à leur premier mélange avec la salive (qui est un levain rempli d'air fort élastique), & ensuite avec les fluides qui se séparent en quantité des glandes de l'estomac. Les principes actifs & qui tendent à se dilater de cette masse ainsi macérée & humectée, la disposent à quelque degré de fermentation, à cause de la chaleur de l'estomac ; sa solution est encore considérablement avancée, non-seulement par le mouvement péristaltique musculaire du ventricule, qui est aidée par les éminences ridées & les replis de la membrane intérieure de ce viscère, lesquelles contribuent à la mêler plus intimement & à la dissoudre de plus en plus, mais aussi par l'action continuelle & réciproque du diaphragme & des muscles de l'abdomen, qui agissent alternativement environ douze cents fois par heure.

6. On reconnoît l'ufage de cette preſſion des alimens de côté & d'autre dans l'eſtomac, par ce qui ſuit. Si pendant la nuit l'eſtomac eſt rempli d'une nourriture indigeſte & priſe en grande quantité qui l'incommode, on voit par pluſieurs expériences réitérées, que ſi la perſonne malade inſpire profondément pendant un certain temps, (juſque preſqu'au point de ſoupirer) la preſſion ſur l'eſtomac étant augmentée du double par ces plus grands abaiſſemens du diaphragme, l'eſtomac ſera bien plus tôt délivré du fardeau qui l'incommodoit.

7. Quand les artères de l'eſtomac d'un chien ont été injectées avec du vermillon, & qu'on l'a ſoufflé, afin de le mieux ſécher, l'eau que l'on faiſoit couler au travers des artères & des veines pour les vider de ſang, comme on l'a dit dans l'Expérience IX, coule abondamment par les veines qui ne ſont point injectées ; ce qui prouve qu'il y a moins de ſang dans les vaiſſeaux ſanguins de l'eſtomac, lorſqu'il eſt rempli de nourriture, que lorſqu'il eſt vide : d'où l'on peut conclure, ainſi que de beaucoup d'autres expériences, qu'un eſtomac trop diſtendu par les alimens, contenant une moindre quantité de ſang dans ſes vaiſſeaux, doit être non-ſeulement plus froid, vu le retardement du mouvement du ſang, que nous trouvons être de quelques degrés après des repas ordinaires ; mais auſſi il doit ſe faire une moindre ſécrétion de fluide dans les glandes, dans le temps qu'il en faudroit une quantité conſidérable pour pénétrer une trop grand maſſe d'alimens, d'où il doit ſuivre une indigeſtion fâcheuſe.

8. Puiſqu'il y a plus de ſang dans les vaiſſeaux

de l'eſtomac, lorſqu'il eſt vide, que quand il eſt plein, cette plus grande quantité de ſang qui coule vers un eſtomac vide, doit augmenter probablement l'appétit d'un homme à jeûn : c'eſt peut-être auſſi par cette raiſon, que la digeſtion ſe fait mieux en hiver qu'en été, parce que la tranſpiration étant moindre dans cette ſaiſon, la quantité de fluide qui eſt retenu dans les vaiſſeaux eſt plus grande, & le ſang eſt pouſſé avec plus de force dans l'eſtomac, comme dans toutes les autres parties du corps; ce qui occaſionne une plus grande chaleur & une plus grande ſécrétion des glandes de l'eſtomac, laquelle facilite la digeſtion ordinaire des alimens. L'augmentation d'appétit que l'on obſerve au commencement des pleuréſies, eſt auſſi attribuée à la plus grande quantité de ſang qui ſe porte vers l'eſtomac, lorſque ſon cours eſt retardé dans la plèvre.

9. J'ai trouvé par expérience, que l'œſophage pouvoit être dilaté avec une petite force imprimée ou par l'air, ou par l'eau ; & c'eſt ce qui fait que, lorſque l'air y eſt pouſſé de la cavité de l'eſtomac, ce canal étant dilaté comprime l'aorte deſcendante à l'endroit où il paſſe entre elle & le cœur : c'eſt pourquoi dans l'inſtant le ſang eſt pouſſé plus fortement vers la tête, ce qui cauſe un petit vertige auquel ſont ſouvent expoſés ceux qui ſont ſujets à des vents.

EXPÉRIENCE XXIV.

Sur les Boyaux.

1. Ayant coupé le duodénum au deſſous du pylore, d'abord après la mort d'un chien, j'y verſai dedans de l'eau chaude, au moyen d'un tube que j'y avois attaché : quand l'eau fut élevée de 2 pieds dans le tube , cette force la fit couler dans toute la longueur du boyau , juſqu'à ce qu'elle ſortît par l'anus. Les excrémens dans le rectum font peu de réſiſtance , étant mous & non moulés.

2. Mais quand , dans un autre chien, le tube étoit fixé au goſier, & que l'on verſoit de l'eau juſqu'au point de faire crever l'eſtomac & un des boyaux ; comme il y avoit des excrémens durs dans le rectum, l'eau ne put paſſer outre.

3. De cette expérience , nous voyons combien il importe, dans quelques obſtructions douloureuſes des boyaux , d'aider l'opération des purgatifs par des lavemens , ſans quoi ces purgatifs feroient plus de mal que de bien, en augmentant la diſtenſion douloureuſe des boyaux, ſans pouvoir paſſer & entraîner les matières nuiſibles.

4. Je ſens bien qu'il manquoit en cette expérience le mouvement périſtaltique des boyaux , lequel, durant la vie, hâte la deſcente des matières : mais ce qu'il y a à craindre, c'eſt quand, dans la paſſion iliaque, il y a un obſtacle ou une obſtruction en quelque partie des boyaux; ſoit qu'elle ſoit produite par les matières fécales ou par du vent qui dilate, ſi cette diſtenſion eſt

supérieure à la force du sang artériel, elle doit nécessairement arrêter le cours du sang en cette partie ; de-là vient le ralentissement du mouvement péristaltique & l'inflammation du boyau, laquelle ne se termine que trop souvent par la gangrène, si on ne la prévient.

EXPÉRIENCE XXV.

Sur les Lavemens.

1. J'AI coupé le rectum d'un chien, & versé dedans de l'eau chaude par un tuyau qui y étoit attaché : l'eau passa peu à peu à travers la valvule du cœcum, & coula jusqu'au pylore d'un boyau à l'autre. La hauteur perpendiculaire de l'eau dans le tube étoit de 5 pieds.

2. Dans un autre chien, je trouvai la valvule du cœcum si bien fermée, que ni l'air, ni l'eau n'y purent passer, après même que j'en eus lavé les excrémens.

3. J'ai fixé le tube au rectum d'un troisième chien, & versé dedans de l'eau chaude, jusqu'à ce qu'elle fût à la hauteur de 20 pouces dans le tube : mais elle ne passa pas six ou huit pouces au dessus du rectum, en étant empêchée par les excrémens qui n'étoient pourtant pas assez fermes pour être moulés ; & quand les excrémens furent ôtés, alors l'eau passa librement la valvule annulaire du cœcum : d'où l'on voit combien il est nécessaire, en bien des cas, de mettre dehors les matières situées en dessous de la valvule, & cela, par un lavement ; après quoi, un second lavement peut atteindre plus loin.

4. *Question.* L'Expérience n°. 1 n'indique-t-elle pas un moyen que l'on peut essayer, au moins dans les cas hors de ressource, comme dans la passion iliaque, de secourir le malade, en lui donnant un lavement avec telle force ou de telle hauteur qu'on le jugeroit convenable ? Ce remède pourroit passer probablement jusqu'à la partie affectée, & peut-être en ouvrir non-seulement le passage, mais encore par sa propre vertu calmer l'inflammation, & prévenir la gangrène : mais, plus le malade est foible, plus la hauteur d'où coule le lavement doit être moindre ; sans quoi, sa force pourroit être plus grande que celle du sang artériel, &, soit en obstruant, soit enfin en ralentissant trop le mouvement du sang dans les parois des intestins, il pourroit mettre la vie en danger.

5. Si l'on injectoit ainsi des lavemens de différentes qualités dans des chiens vivans, & de différentes hauteurs, on pourroit établir dessus des jugemens plus certains sur ce qu'on pourroit faire avec sûreté, & voir si l'on peut attendre raisonnablement quelque bon effet de cette pratique.

Remarques. M. Hales établit en plusieurs endroits de cet ouvrage, que la santé consiste dans l'équilibre ou égalité des forces entre les fluides & les solides, quoiqu'il sache bien que les uns & les autres sont de pures machines qui n'ont aucune force d'elles-mêmes, & qu'à la rigueur le mot d'équilibre ne convient pas, & que celui de balancement est bien plus propre à exprimer cette alternative juste d'action & de réaction. Il est bien des médecins qui, éblouis de l'éclat que les mécaniques ont répandu sur la médecine, ont voulu tout rapporter, non à la mécanique, mais à ces termes de *mécanisme*, d'*équilibre*, d'*action* & de *réaction* ; & ont prétendu, par ce jargon, acquérir la réputation de mécaniciens. Ce seroit peu de chose, s'ils n'avoient fait des mécaniques à leur mode, & renversé les règles les plus certaines de cette science, fur-tout par cet axiome faux, que les viteſſes des fluides pouſſés par la même force, augmentent dans les orifices des vaiſſeaux à meſure qu'ils ſe rétréciſſent, ou que les vaiſſeaux voiſins & conjugués viennent à s'obſtruer; car, par ce principe erroné, ils expliquent toutes les maladies, ne fût-ce que la fièvre, qui eſt la compagne d'une infinité d'autres; & les convulſions, qui font une claſſe de maladies aſſez nombreuſe. Ils ne s'en font pas tenus-là; ils ont donné une force mouvante à la matière, de façon qu'elle pût augmenter ſon mouvement à meſure des réſiſtances qui lui font offertes; ils ont adopté toutes les erreurs que les plus zélés Cartéſiens de ce ſiècle reconnoiſſent, que le grand Deſcartes n'avoit pas évitées, mais qu'il eſt honteux de ne pas reconnoître pour telles aujourd'hui. (Voyez l'*Analyſe des princip. de M. Deſcartes, par M. Parent.* Voyez les *Leçons de M. de Molières, vol. 1 & 2.*) Et ſur ces beaux principes, ils veulent établir un art, dont la certitude importe tant à la ſanté & à la vie des hommes. Ne paroît-il pas raiſonnable de ne vouloir admettre, pour fondement de la médecine, que des principes auſſi certains qu'il ſe puiſſe, & pour la vérité deſquels on peut parier ſa bourſe, puiſqu'il y va ſouvent de la vie des hommes? C'eſt cependant de quoi l'on s'embarraſſe le moins; & ſouvent ceux même qui font chargés d'enſeigner cet art, n'ont pas plus de confiance à leurs principes, que s'ils enſeignoient une fable: ſi peu ils ſe ſoucient de découvrir la vérité, & ſi fort ils mépriſent les travaux utiles des modernes qu'on voit en approcher le plus, tels que Borelli, Pitcarn, Keill, Michelotti, Boerhaave & autres. Ces prétendus mécaniciens, pour expliquer tout plus mécaniquement, n'ont jamais recours à des puiſſances mouvantes; ils ne font pas difficulté de ſuppoſer le mouvement perpétuel tout trouvé dans le corps indépendant d'aucune puiſſance mouvante; & qui pis eſt, ils font augmenter & diminuer ce mouvement à leur gré, ſelon les occurrences; ils ordonnent à un reſſort bandé, de jouer, d'aller & de venir, nonobſtant que la force qui tient le bandé ſubſiſte avec toute ſon énergie, comme ils ordonnent aux fluides de paſſer plus vite par les filières les plus rétrécies, ſans quoi, effectivement, ils ne pourroient plus ſoutenir leurs ſyſtêmes. Il y a bien un moyen aiſé & évident de rendre

raifon de tous les phénomènes du corps humain, foit en
fanté, foit en maladie, qui confifte à reconnoître que la
machine eft animée par une puiffance mouvante & intelligente; mais c'eft-là un pis-aller pour eux, dont ils fe gar-
deront bien; car il s'enfuivroit de-là que leurs maîtres de
philofophie, qui leur ont appris dès long-temps, & même
comme une découverte toute nouvelle, que l'ame n'avoit
rien à démêler avec la machine qu'elle habite, fe feroient
trompés; il s'enfuivroit, qui pis eft, qu'ils tomberoient
dans la penfée qu'ont eue tous les philofophes jufqu'à Defcartes, & qu'a eue tout le public non philofophe, jufqu'à
nous. Voilà comme les préjugés nous aveuglent. Nous
avons admiré autrefois, & moi plus qu'un autre, les découvertes de Defcartes; nous avons ri cent fois de l'opinion populaire & rampante qu'avoient les anciens touchant l'empire de l'ame fur le corps; ce feroit aujourd'hui
avoir ri de nous-mêmes, que de penfer comme Ariftote,
& nos intérêts s'y oppofent : ce feroit trop exiger de
nous; & le feul nom d'Ariftote, à la tête d'une telle opinion, rendroit ridicule la plus belle hypothèfe. Voilà, encore une fois, les raifonnemens tacites qu'on fait. Mais,
de bonne foi, a-t-on jamais bien examiné le fyftême de
Defcartes fur l'ame des bêtes? a-t-on bien vérifié, avant
que de l'adopter, s'il étoit fi conforme aux principes de
mécanique? Je fuis très-convaincu qu'il les choque & les
renverfe tous, & que ce grand homme s'eft égayé en le
propofant, & a voulu faire admirer fon efprit aux dépens
de la bonne foi & de la vérité. Eh quoi! n'y avoit-il point
de bon fens avant lui? & parce qu'il a été grand géomètre &
grand génie, faut-il adopter jufqu'à fes méprifes, & le
fuivre aveuglément dans fes erreurs? N'y a-t-il pas un milieu à prendre entre fe révolter, comme on fit de fon
vivant, contre toutes fes opinions, & les recevoir toutes
comme des oracles, ainfi qu'on a fait après fa mort? N'eft-
ce pas aller contre les préceptes qu'il a fi fort inculqués,
favoir, qu'il faut douter de tout avant un mûr examen,
& ne fe rendre qu'à l'évidence? Tous les Cartéfiens re-
connoiffent aujourd'hui que ce favant homme, faute d'avoir
fait affez d'expériences, s'eft trompé dans les lois du mouvement qu'il a données; & l'on ne laiffera pas de fuivre
ces lois, pour expliquer les mouvemens du corps humain!
C'eft en vérité fe jouer de la vie des hommes, que de

fonder la médecine fur des principes fi fufpects. Nonobftant tous les préjugés contraires, qu'il me foit permis de
dire mon fentiment, que j'ai vu approuver à de grands
mécaniciens.

Le fouverain Auteur de toute chofe a uni à la fragile
machine du corps humain une puiffance mouvante, libre,
intelligente, avec un penchant invincible pour la con-
fervation de fon domicile ; c'eft cette union qui fait la vie
ou le commerce mutuel du corps & de l'ame ; c'eft ce defir
de la vie qui fe manifefte dans les actions du plus vil infecte,
& qui fait découvrir qu'une puiffance mouvante & intelligente règle tous fes mouvemens. Dieu a mis des bornes
fort étroites à nos connoiffances touchant ce principe moteur ; notre imagination, que la feule matière peut frap-
per, s'accoutume mal-aifément à ce qui n'eft pas matière ;
mais ce n'eft pas à l'imagination à diriger l'entendement.
Concevons-nous ce que c'eft que force mouvante, ce
que c'eft qu'efpace, mouvement, temps, &c.? Les mécaniciens les plus habiles ne connoiffent pas plus à la caufe
de la gravité, que le premier payfan qui vit tomber une
pierre, dit M. s'Gravefande ; & M. Muffchenbroeck, qui a
travaillé un temps infini fur l'aimant, avoue ne rien entendre à fon effence : enfin M. Boerhaave prouve dans un
de fes difcours, que les effences des chofes nous font parfaitement inconnues. On ne laiffe pas de reconnoître la
gravité, la vertu de l'aimant, le reffort, comme des caufes
mouvantes dont les propriétés nous font connues par les
effets ; & c'eft ainfi que nous connoiffons les propriétés
de l'ame ; c'eft ainfi que les mécaniciens emploient des
puiffances animées à mouvoir leurs machines, n'en connoiffant que les effets. Je voudrois bien que ces Cartéfiens
attendiffent à aller en voiture, à fe fervir des refforts, de
la bouffole, jufqu'à ce qu'ils euffent connu l'effence de
l'ame, de l'élafticité, du magnétifme, comme ils tardent à
attribuer à l'ame les divers mouvemens fpontanés du corps
humain, parce, difent-ils, qu'ils ne favent ce qu'elle eft. Un
poftillon feroit bien reçu à ne vouloir fe fervir d'un cheval,
& à ne lui parler ni le menacer, jufqu'à ce qu'il eût déterminé s'il a une ame matérielle ou fpirituelle, mortelle ou
immortelle, & qu'il eût fu fi, étant fpirituelle, elle peut
être détruite par la défunion des parties qu'elle n'a pas ;
ou anéantie autrement, &c. toutes queftions qui ne fervent

à rien. Mais fi vous attribuez, dit-on, une ame aux bêtes, il en faudra donner auffi au plus vil infecte. Et pourquoi non? ceux qui en parlent avec tant de mépris ne connoiffent pas les talens de la plus vile chenille, du formicaléo, &c. Et les plantes, ajoute-t-on, auront-elles une ame? L'opinion univerfelle des nations qui l'accorde aux bêtes, la refufe avec raifon aux plantes; & il n'eft pas permis aux philofophes de s'écarter de l'opinion vulgaire, jufqu'à s'écarter du fens commun. Après tout, l'homme a inconteftablement une ame, qui eft une puiffance intelligente & mouvante; & en cela la philofophie eft d'accord avec la religion, la raifon, le public, & le vrai mécanifme.

Les mécaniciens ayant donc une puiffance mouvante, de l'exiftence de laquelle on ne peut pas plus douter qu'on peut douter fi l'on eft machine pure ou ftatue, n'eft-il pas bien étrange qu'ils ne s'en fervent pas pour expliquer les mouvemens fpontanés du corps? Un horloger qui, ayant à fes montres un contrepoids caché, fi vous voulez, dans un tuyau, mais enfin qu'il fait y être & agir, ne pafferoit-il pas pour bizarre, s'il prétendoit que le mouvement de fa montre dépend ou de la difpofition des roues, ou de la fympathie qu'il y a entre l'aiguille des heures & la circonférence du cadran, ou d'un *ftimulus* qui arrive à la chaine; ou qu'il crût que l'action fût la caufe & l'effet de fa réaction, c'eft-à-dire, que fa montre eft un mobile perpétuel dont il ne faut pas rechercher la force mouvante; ou enfin fi, fans s'informer fi c'eft un contrepoids ou un reffort qui fait aller les roues, il fe contentoit de dire que Dieu eft l'auteur de ce mouvement? J'ai dit qu'un tel homme pafferoit pour bizarre, on peut dire pour ignorant, fuppofé que fon état, fa profeffion exigeaffent de lui des lumières telles que la médecine en exige de ceux qui l'exercent. Mais ce n'eft que caprice ou bizarrerie pure, qui fait tenir un pareil langage aux maîtres de notre art fur le principe moteur du corps humain, ou plutôt c'eft une vanité qui les fait ainfi parler, & une habitude de le dire ainfi, qui le leur perfuade; car on fe figure que le public nous en croira bien plus favans, de penfer différemment de lui & de choquer tous fes préjugés, que fi nous donnions dans fon fens, en attribuant à la nature, à l'ame, les mouvemens fpontanés du corps. Rien de plus aifé, dit-on, & il ne faut pas être bien habile, pour dire que l'ame fait tel & tel

mouvement, le moindre payſan en diroit tout autant; &
par conſéquent, concluent-ils, un ſavant doit dire le contraire : car on n'a pas appris pour rien en logique, l'art de
contre-quarrer le bon ſens, par cela ſeul qu'il eſt le ſens
commun ; & les ſyllogiſmes & dilemmes ne ſont inven-
tés que pour faire voir aux gens qu'on en ſait plus qu'eux,
& que la raiſon n'eſt faite que pour les philoſophes. C'en
eſt fait, crient les partiſans de Deſcartes, c'en eſt fait du
mécaniſme & de l'anatomie, ſi l'opinion des *naturaliſtes* ou
animiſtes vient à prendre faveur : avec l'ame on explique
tout : la médecine va s'apprendre dans un jour, & être à
la portée de tout le monde. Voilà ce que des gens, d'ailleurs ſenſés, diſent tous les jours, comme ſi c'étoit un
juſte ſujet d'alarmes, que de voir trop de jour ſe répandre
ſur un art utile & intéreſſant. Ce ſeroit bon à dire aux
aſtrologues & alchimiſtes qui s'en mêloient autrefois; quant
aux mécaniques & à l'anatomie, elles deviennent plus
néceſſaires aux *animiſtes* qu'aux *machiniſtes*. Un horloger
qui croiroit que c'eſt la ſympathie des roues qui les fait
jouer, ou qui fait aller l'aiguille, a bien moins beſoin de connoître la poſition & le rapport de ces pièces, que celui
qui ſait que c'eſt un reſſort ou un contrepoids qui imprime telle force ou tel mouvement à telle roue, laquelle
la tranſmet mécaniquement à telle autre, & ainſi de ſuite.
Du reſte, ſi l'on ſe figure que j'attribue à tort aux machiniſtes des opinions ſi abſurdes que celles du *ſtimulus*, de
la *ſympathie*, & autres de cette eſpèce, on n'a qu'à lire
les ouvrages des plus brillans théoriciens de nos jours,
ou, pour mieux dire, de nos contrées, ſur les mouvemens
ſympathiques, ſur les fièvres, les convulſions, &c. &
l'on ſe convaincra qu'ils ne ſont mécaniciens que de nom.
J'ai toujours cru qu'un autre motif avoit favoriſé l'opinion
des machiniſtes ; le cœur des hommes eſt trop corrompu
pour ne pas influer ſur l'eſprit ; la penſée qu'on a que l'ame
eſt un être de raiſon, qui ne fait rien dans le corps non
plus que le cadran dans une montre, & l'analogie des fonctions des animaux avec les nôtres, nous portent à croire,
ou au moins à vouloir croire que l'on peut ſe paſſer de
l'ame pour expliquer nos fonctions, comme Deſcartes s'en
eſt paſſé pour expliquer celles des animaux. Tout au plus,
dit-on, elle ne ſert qu'à penſer ; c'eſt, dit-on, ſon eſſence :
car ces ſavans, qui ne ſavent pas l'eſſence d'un cheveu,

ſe vantent de connoître l'eſſence de l'ame. Or ſi l'on vient, d'après M. Locke, à prouver que la penſée n'eſt pas toujours en nous, ou que nous vivons ſans toujours penſer, ne ſera-ce pas prouver que l'ame eſt une faculté ſuperflue, dont on n'a pas des preuves ? J'en dirois trop. Mais l'incrédulité & l'irréligion, dont on taxe communément les phyſiciens de nos jours ou les Cartéſiens, ne pourroit-elle pas dépendre de ces faux principes, & juſtifier mes ſoupçons ? car, quand on en vient au point d'aveuglement de ne croire à l'ame que pour ſatisfaire à la foi, on n'eſt pas éloigné de la mettre entièrement en oubli. Mais je crois qu'il en eſt de ceux qui ſe diſent de pures machines, comme de ceux qu'on appelle athées, c'eſt-à-dire, qu'il n'y en a point qui parlent comme ils penſent; & la fureur de ſe diſtinguer du commun des hommes & de paſſer pour eſprits forts, jointe à un deſir ſecret que la choſe fût comme ils diſent, les fait parler ainſi.

Si l'on diſpute aux Cartéſiens le privilège excluſif qu'ils prétendent avoir de connoître l'eſſence des choſes & de les définir, on les forcera d'avouer, que, la foi à part, nous ne connoiſſons l'ame que par ſes propriétés ou fonctions, telles que ſont la faculté de penſer, de mouvoir, de juger, de vouloir, de ſe ſouvenir, d'avoir des plaiſirs, des douleurs, &c. comme nous connoiſſons l'aimant par ſa gravité ſpécifique, ſa couleur, ſa faculté d'attirer certains corps, ſa vertu polaire, &c. Déterminer comment l'ame meut le corps, c'eſt auſſi difficile que de déterminer comment l'aimant meut le fer, & il nous ſuffit de ſavoir qu'elle le meut. Mais voici de grandes difficultés : *Toute idée eſt réfléchie ſur elle-même*, donc l'ame ne peut mouvoir à notre inſu le cœur & les autres parties. Autre de la même force : *Nous ne voulons que ce que nous connoiſſons* ; or, l'ame d'un enfant ne ſait pas que ſon cœur ait beſoin de ſe mouvoir, ni les organes qu'il faut employer pour cela; donc elle ne le meut pas. Autre objection: *Il tiendroit à nous de mouvoir ou ne pas mouvoir le cœur, & d'exciter ou d'arrêter la fièvre, ſi l'ame produiſoit le mouvement du cœur*: donc elle n'y fait rien. Pour répondre à toutes ces difficultés, on n'a qu'à diſtinguer les diverſes facultés mouvantes de l'ame, comme la volonté, l'imagination, la nature, &c. & l'on verra, 1°. que non-ſeulement la volonté contracte la pupille à notre inſu, quand nous allons au grand jour, abaiſſe les paupières, & cela, dans un degré juſtement proportionné à nos beſoins ; qu'elle contraẟe les muſcles du pharynx pour avaler la ſalive, même en dormant ; qu'elle fait marcher un homme tout occupé d'autres penſées, & ſans qu'il ſache ſeulement s'il a des muſcles, des leviers, des nerfs, &c. Mais, 2°. que, malgré la volonté fixe & déterminée, la nature nous fait fermer la paupière quand un ami avance ſon doigt vers notre œil, nous fait frémir quand nous voyons une aẟion cruelle, nous fait ſuivre les routes de la volupté en dépit de la raiſon, &c. 3°. Quant à l'impoſſibilité d'arrèter le mouvement du cœur, elle ne prouve pas ſon indépendance de l'ame, elle fait ſeulement voir le penchant invincible qu'a la nature pour la conſervation de la vie ; & c'eſt aux efforts ſalutaires qu'elle fait pour cette fin, que les plus grands praticiens, depuis Hippocrate juſqu'à Sydenham, ont attribué les maladies les plus aiguës ; de façon que, parler & penſer aujourd'hui autrement, c'eſt innover, c'eſt s'écarter du chemin de ces grands maîtres, c'eſt ſe faire un langage nouveau & ſe mettre hors d'état d'entendre le leur, de connoître les penchans & les lois de la nature ; & c'eſt de-là que vient l'obſcurité que les novateurs trouvent dans les écrits des anciens ; c'eſt de-là que vient le mépris injuſte qu'on a pour leurs préceptes, que toute l'antiquité révère ; c'eſt à cela qu'il faut attribuer le peu de progrès qu'a fait la pratique de la médecine, témoins Sydenham, Baglivi, Stahl, Boerhaave, &c. qui s'en ſont plaints pluſieurs fois.

RECUEIL

DE

QUELQUES EXPÉRIENCES

SUR

LES PIERRES

Que l'on trouve dans les Reins et dans la Vessie :

AVEC

Des Recherches sur la nature de ces Concrétions irrégulières.

INTRODUCTION.

1. JE prévois qu'il paroîtra à bien des gens que c'eſt une préſomption & une vanité à moi, de faire des tentatives pour trouver un diſſolvant ſûr, & qui ne ſoit pas dangereux, des calculs que l'on trouve dans la veſſie, après que les plus habiles chimiſtes y ont échoué. La grande délicateſſe de nos viſcères, d'une part, & de l'autre, la dureté exceſſive de la plupart des calculs, ne font que trop ſentir que le mal eſt ſans reſſource; car, après avoir eſſayé toutes les préparations chimiques qu'on peut imaginer, on a trouvé que ni les alkalis, ni les acides, ni les ſels neutres, ni enfin les menſtrues ſalins, ſulfureux, ſavonneux, ne faiſoient aucun effet ſur ces concrétions; l'eſprit de nitre qui eſt trop corroſif, étant le ſeul corps qui juſqu'ici ait pu diſſoudre effectivement ces ſortes de concrétions. Cependant il doit nous ſuffire qu'une infinité de perſonnes ſoient intéreſſées à cette découverte, pour nous engager à chercher ce remède; nous y ſommes encore invités par les plus grands chimiſtes, qui nous encouragent à ne pas abandonner cette recherche, puiſqu'il y a des diſſolvans aſſez forts pour fondre les métaux & les cailloux, quoique aſſez doux pour ne faire aucune mauvaiſe impreſſion ſur les parties les plus tendres de nos corps,

2. Ce qui m'a le plus particulièrement engagé à faire quelques tentatives fur cette matière, c'est que, quand je travaillois à l'analyfe de l'air, entre autres expériences, je trouvai que, par la diftillation, le tartre végétal, favoir celui du vin, contenoit plus de cinq cents fois fon volume d'air, ce qui étoit beaucoup plus que je n'avois trouvé à volume égal dans aucune autre partie des végétaux, foit fluide, foit folide ; cela me fit effayer s'il n'en feroit pas de même du tartre animal, qui eft le calcul humain.

3. Je fus fourni d'une quantité fuffifante de différens calculs, par M. Ranby, chirurgien de la Maifon du Roi, & membre de la Société royale, qui me fit la faveur de m'en pourvoir.

EXPÉRIENCES

SUR

LES PIERRES

DES REINS ET DE LA VESSIE.

PREMIÈRE EXPÉRIENCE.

Sur la quantité d'Air qu'on tire du Calcul.

1. Un morceau de calcul qui pefoit 230 grains, & dont le volume égaloit prefque $\frac{3}{4}$ de pouce cubique, étant diftillé dans la retorte de fer, (voy. *Statique des Végétaux, Expérience LXXVII*), donna 516 pouces cubes d'air élaftique, lequel volume eft 645 fois plus gros que celui du calcul : ainfi la moitié de ce calcul auroit été, par le moyen du feu, changée en air élaftique. Ce qui refta du calcul étoit une chaux du poids de 49 grains, égal à $\frac{1}{4.69}$ du calcul.

M. le docteur Slare, ayant diftillé & calciné deux onces de calcul, trouva le même rapport de la chaux au calcul : » Une once & trois dragmes

» de calcul, dit-il, s'évaporèrent dans la calcina-
» tion après la diftillation ; (circonftance effen-
» tielle dont les chimiftes fe mettent rarement en
» peine). » *Philofoph. Tranfact. abrégé de* Low-
thorp, *vol. III. pag. 179.* La plus grande partie
de ce calcul, comme nous voyons par cette expérience, étoit un véritable air élaftique.

2. Nous voyons par-là que le calcul & le tartre
de vin ont donné plus d'air qu'aucune autre fubftance, foit végétale, animale ou minérale ; & il
faut obferver encore, que l'air forti de ces deux
fubftances étoit abforbé en peu de jours, & perdoit
fon élafticité plus tôt que celui qu'on tire de toute
autre fubftance animale ou végétale ; ce qui eft
une forte préfomption pour notre fentiment, que
le calcul eft un tartre animal. Et, comme nous
trouvions beaucoup moins d'huile dans la diftillation du tartre des vins du Rhin, que dans celle
des femences & des parties folides des végétaux,
auffi en trouvons-nous beaucoup moins dans le
tartre animal, que dans le fang ni dans les parties
folides des animaux ; cependant quelques calculs
de la veffie du fiel donnèrent, dans la diftillation,
une plus grande quantité d'huile & d'air.

3. Une petite pierre de la veffie du fiel, de la
groffeur d'un pois, fut diffoute dans une leffive de
fel de tartre en fept jours. Cette même leffive dif-
folvoit auffi le tartre, mais non pas le calcul,
quoique j'en aie fait bouillir des fragmens dans
cette leffive pendant plufieurs heures.

4. Ayant verfé un pouce cubique d'efprit de
nitre fur une quantité de calcul égale à la moitié
de celui que j'avois diftillé, favoir de 115 grains,
elle fut diffoute en 2 ou 3 heures, donnant beaucoup d'écume ; & elle produifit 48 pouces cubes

d'air, 9 desquels perdirent leur élasticité au bout de quelques jours. Une quantité pareille de tartre fut dissoute dans le même temps par l'esprit de nitre ; mais elle ne produisit point d'air élastique, bien que le tartre abonde en air.

5. De petits morceaux de tartre & de calcul furent dissous en 12 ou 14 jours dans l'huile de vitriol ; & d'autres de tartre & de calcul aussi, le furent en peu d'heures dans l'huile de vitriol, à laquelle j'avois ajouté peu à peu pareille quantité d'esprit de corne de cerf, fait avec la chaux : ce mélange excite une ébullition fort considérable & fort chaude.

6. Quoique la chaux qui restoit après la distillation du tartre coulât par défaillance, & contînt par conséquent un sel de tartre, & que celle qui reste de la distillation du calcul ne coulât pas, & ne contînt pas de ce sel, on n'en sauroit inférer que le calcul n'est pas une substance tartareuse, parce que le sel de tartre lui-même, étant mêlé avec une chaux animale & distillé, ne rend pas ensuite une chaux qui puisse couler par défaillance ; c'est pourquoi, vu la grande affinité qu'il y a à plusieurs égards entre ces deux substances, nous pouvons regarder le calcul comme un tartre animal, & les concrétions goutteuses sont du même genre.

7. J'appelle tartre animal ces concrétions, pour les distinguer du tartre végétal ; car, comme il y a grande différence entre les sels & les soufres tirés des végétaux & ceux tirés des animaux, aussi y en a-t-il une grande entre leurs tartres : cependant ces deux tartres sont semblables, quant aux propriétés suivantes ; savoir, que tous les deux se forment, non pas simplement

comme un fédiment au fond de fa liqueur, mais étant également répandus & féparés dans toutes les parties de leurs fluides, ils s'attachent uniformément aux parois des vaiffeaux qui les contiennent, & y forment une croûte dure, les particules qui font le plus à portée de ces parois y étant attirées les premières ; & comme c'eſt une propriété admirable, mais connue, des liqueurs, qu'elles répandent dans toute leur étendue les fubſtances qu'elles tiennent diffoutes, les molécules de tartre qui reſtent dans les fluides après que la première incruſtation eſt formée, fe répandent également dans toute la liqueur ; & une nouvelle portion de ces molécules eſt attirée vers les parois du vaiffeau, & toutes s'y attachent ainfi fucceffivement. Autrement les molécules qui font vers le milieu du vaiffeau, ne pourroient en incruſter les parois ; car l'attraction n'agit qu'à de très-petites diſtances. De plus, on obferve que les dépofitions du tartre font plus copieufes quand les parois du vaiffeau font déja incruſtées. Il eſt certain auffi, que les liqueurs végétales & les animales ne dépofent jamais leur tartre en ſi grande quantité que quand elles font atténuées, & plus elles le font, plus le tartre en eſt dur. Une autre affinité qu'il y a entre ces deux tartres, eſt l'exceffive quantité d'air qu'ils rendent dans la diſtillation. C'eſt donc avec raifon que quelques-uns appellent le calcul un tartre ; & comme les Allemands appellent le tartre du vin, pierre du vin, on pourroit appeler le calcul, la pierre de l'urine, & donner le nom de pierres d'eau aux incruſtations faites par les eaux minérales, &c. ; & comme elles font toutes produites de la même manière, & qu'elles ont plufieurs propriétés communes, on

pourroit

pourroit les confidérer comme les tartres de différens fluides.

8. Cette grande quantité d'air qu'on trouve dans les tartres, fait voir que les parties d'air non élaftique, qui, par leur forte attraction, concourent à former la matière nutritive des végétaux & des animaux, font, par cette même vertu, quelquefois propres à former des concrétions irrégulières, telles que les calculs, &c. dans les animaux, principalement dans les endroits où les liqueurs font en repos, comme dans la veffie de l'urine & la véficule du fiel ; elles s'attachent auffi fortement aux parois des vafes à uriner. On trouve de femblables concrétions tartareufes dans quelques efpèces de fruits, particulièrement dans les poires ; mais elles ne fe réuniffent jamais en plus grande quantité que lorfque les fucs des végétaux font dans un état de repos, comme dans les tonneaux de vin.

9. M. Boyle a trouvé dans le calcul une grande quantité de fel volatil avec de l'huile ; & l'on voit par nos expériences qu'il renferme une grande quantité de particules d'air deftituées de reffort, lefquelles, par la diftillation, fe changent en air élaftique, tandis que, dans le même temps, les fels volatils s'élèvent en fumées blanches ; ce qui eft une preuve qu'ils font intimement mêlés enfemble dans le calcul.

10. C'étoit cette confidération qui me fit chercher un diffolvant propre à dégager l'air & à féparer les molécules du calcul ; nous avons trouvé, Expérience I, nombre 4, que 115 grains ou $\frac{1}{7}$ de pouce cube de calcul, diffous dans l'efprit de nitre, produifirent une grande écume, & 48 pou-

ces cubes d'air, dont le volume est égal à 144 fois le volume du calcul.

11. J'ai trouvé, à l'aide de quelques expériences que j'ai faites ensuite, un mélange, lequel, par son action vigoureuse, fait sortir non-seulement une grande quantité d'air de plusieurs calculs humains, mais qui encore en dissout réellement plusieurs qui se trouvent d'un tissu moins dur, spécialement les graviers, qui ne sont pas aussi durs que les pierres qui ont séjourné long-temps dans la vessie; cependant j'ai trouvé quelques graviers rebelles à mon menstrue.

12. Quoique, jusqu'à présent, je n'aie pas eu des succès suffisans pour engager personne à faire usage de menstrues pour dissoudre les pierres graveleuses qui sont dans la vessie, ils méritent cependant d'être rapportés, pouvant conduire des gens plus heureux à des découvertes plus importantes. Puisque parmi un nombre infini de différens dissolvans que l'on peut faire, on en peut rencontrer un qui dissoudra aisément au moins les pierres graveleuses, s'il n'est pas capable de produire le même effet sur les calculs plus gros & plus durs; quand même nous ne pourrions pas aller plus loin, ce seroit toujours un grand avantage pour le genre humain; car, par ce moyen, on enlèveroit de la vessie le noyau qui sert de base aux concrétions plus considérables & plus durcies, à quoi l'on réussiroit, si, à l'aide de quelques injections d'un menstrue convenable, & qui ne fût pas dangereux, l'on pouvoit seulement dissoudre une petite portion d'une grosse pierre graveleuse tombée des reins dans la vessie, ensorte qu'elle pût sortir par l'urètre; ce qui se feroit beaucoup

plus aifément & moins douloureufement pour le malade ; quand on auroit pris la précaution d'a-doucir , pour ainfi parler , la furface de cette por-tion du calcul , & de la rendre ainfi moins capa-ble de picoter. C'eft l'effet que la préparation que je vais indiquer peut produire fur quelqu'un des calculs les plus mous ; mais il faut beaucoup d'in-jections répétées , afin qu'elle réuffiffe fans caufer de danger au malade.

13. Afin de pouvoir féparer & unir (fuivant que les circonftances le demandent) avec toute l'exactitude poffible, plufieurs proportions de mé-langes fermentans , j'ai divifé la capacité de plu-fieurs vaiffeaux de verre, defquels je verfois les liqueurs en pouces cubes , marquant chaque divi-fion avec un fil attaché à la paroi extérieure du verre. J'ai auffi divifé la capacité d'un grand tube en 4 pouces cubiques : il étoit d'un demi-pouce de diamètre , & fermé à une de fes extrémités ; j'ai fait auffi plufieurs divifions fur un petit tube de $\frac{1}{4}$ de pouce de diamètre : la capacité de cha-cune de ces divifions contenoit dix gouttes d'huile de foufre , de façon qu'en trempant ce tube par une extrémité dans quelque liqueur jufqu'à quel-qu'une de ces marques , & bouchant l'autre extré-mité avec mon doigt , je pouvois élever fort vîte 10, 20, 30, 40 ou 50 gouttes , ou quelque nom-bre intermédiaire.

14. Je donnerai à préfent un détail abrégé des principales expériences que j'ai faites. Je ne me fuis pas borné à des mélanges affez doux pour ne pouvoir nuire probablement à la veffie ; mais j'ai mieux aimé commencer par les plus forts mé-langes fermentans, efpérant que fi quelqu'un de ceux-là pouvoit diffoudre le calcul , ou pourroit,

en l'affoiblissant par degrés, le porter jusqu'au point de ne point blesser la vessie, en lui conservant cependant en partie sa propriété de menstrue. Que si je n'étois point assez heureux, il me paroissoit au moins probable de pouvoir trouver, parmi les plus forts mélanges, un dissolvant qui me donneroit de plus grandes lumières sur la nature du calcul.

EXPÉRIENCE II.

Essais pour dissoudre le Calcul.

1. UN pouce cubique d'huile de vitriol, & une double quantité d'eau mêlés ensemble, excitoient une fermentation si brûlante, qu'à peine je pouvois tenir ma main au fond du vaisseau; cependant cela ne produisoit aucun effet sur un morceau de calcul fort dur. La même chose arrivoit lorsque la fermentation & la chaleur se renouveloient par le mélange de quelque limaille de fer.

2. De semblables proportions d'huile de vitriol & d'eau, mêlées avec plusieurs pierres vitrioliques ou pyrites réduites en poudre, fermentoient violemment, mais ne produisoient aucun effet sur un calcul fort dur.

3. La même chose arrivoit à l'huile de vitriol & aux autres acides, lorsque l'on versoit dessus plusieurs corps alkalis, comme les bélemnites, l'astéria, le corail & l'écaille d'huitre pulvérisée.

4. Quoique l'huile de vitriol, mêlée avec de l'esprit de corne de cerf qui n'étoit point rectifié, ne pût dissoudre un morceau d'un calcul fort dur, cependant ce mélange renouvelé dix à douze fois,

brisoit & dissolvoit assez bien plusieurs lames ou couches d'un autre calcul, lequel, quoiqu'il ne fût pas aussi dur que le précédent, l'étoit cependant assez pour que je ne pusse y faire impression avec mon ongle ; mais ce mélange étoit trop vif pour espérer de le diminuer au point que la vessie pût le supporter sans aucun risque.

5. L'esprit tiré du pain de seigle, étant reconnu par les chimistes comme un dissolvant assez fort pour dissoudre plusieurs sortes de pierres & d'autres substances dures, & en même temps assez doux pour qu'on le puisse tenir en toute sûreté dans le creux de la main, j'en préparai une grande quantité dont une partie étoit rectifiée ; je la versai dans un grand nombre de mélanges qui fermentoient violemment, dans l'espérance qu'en exposant les parties qui les composoient à une prompte agitation, il pourroit produire quelque effet sur le calcul ; mais je fus trompé.

6. J'ai fait une préparation de tartre de vitriol, en mêlant l'huile de vitriol avec le double d'eau chaude, dans laquelle il y avoit des morceaux de calcul & de tartre ; il s'éleva quelques bulles sur la superficie du calcul, mais point du tout sur le tartre ; je versai alors par degrés l'huile de tartre, & il s'éleva pendant quelques minutes une grande quantité de bulles sur le tartre & sur le calcul : le tartre se trouva presque dissous à la première fois, & le calcul fort divisé & brisé ; mais il n'étoit pas d'une espèce trés-dure ; le sel de tartre, qui est un alkali fixe, étant moins corrosif que l'esprit de corne de cerf, qui est un alkali volatil.

EXPÉRIENCE III.

Essais pour diffoudre le Calcul.

1. J'AI diffous une once de fel de tartre dans quatre onces d'eau, & j'ai excité des fermentations très-violentes, en verfant fur ce mélange alkalin les plus forts efprits acides, tels que l'efprit de nitre, l'efprit de fel, l'huile de vitriol & l'huile de foufre : j'ai trouvé que l'huile de vitriol & l'huile de foufre convenoient mieux à mon deffein ; & de ces deux huiles je préférai celle de foufre, comme étant un acide plus pur & moins nuifible aux corps des animaux.

2. J'ai découvert, après un grand nombre de mélanges dans lefquels je variois la proportion de ces liqueurs, que celui qui fuit rempliffoit mieux nos vues. Je mêlois enfemble un pouce cubique d'eau, un tiers de pouce cubique de folution de fel de tartre, & vingt-cinq ou quelquefois trente gouttes d'huile de foufre ; ou bien auffi fix pouces cubiques d'eau, trois quarts de pouce cube de folution de tartre, & cinquante gouttes d'huile de foufre.

3. Quelque différentes que fuffent les proportions des liqueurs, elles fermentoient violemment, & faifoient élever des bulles d'air fort promptement au deffus des calculs pendant 8 ou 10 minutes ; ce que faifoient auffi plufieurs autres mélanges. Je n'en ai cependant point trouvé d'auffi efficaces que ceux dont j'ai déja parlé, lefquels étant renouvelés plufieurs fois, ont diffous quelques calculs affez durs. Ils ont auffi diffous diverfes

pierres graveleufes, quoique pas toutes ; & ils n'eurent aucun effet fur plufieurs calculs très-durs.

4. Si l'air ne s'échappe pas des calculs avec violence, lorfque l'on a verfé deffus quelqu'un de ces deux mélanges, on doit y ajouter encore quelques gouttes d'huile de foufre : fi cette addition fait élever l'air du calcul avec plus de facilité, c'eft une preuve que l'on n'en avoit pas mis fuffifamment ; mais fi elle ne fait pas fortir plus d'air du calcul, alors c'eft une marque qu'il n'y avoit pas affez de folution de fel de tartre.

5. La fermentation eft beaucoup plus confidérable, lorfqu'après avoir verfé la moitié de l'eau fur la folution du fel de tartre, & fait tomber goutte à goutte l'efprit de foufre dans l'autre moitié d'eau, on mêle enfemble ces deux mélanges. L'eau tiède eft préférable à la froide, quoique cette dernière fermente plus long-temps.

6. Quand je mettois deux fois plus d'huile de foufre, je ne trouvois pas que le diffolvant en devînt plus puiffant ; & quand la folution du fel de tartre étoit trop forte, il le devenoit moins.

7. Cette liqueur n'agiffoit plus fur le calcul dès que la fermentation avoit ceffé, comme je l'ai éprouvé en y laiffant plufieurs calculs pendant toute une année ; de manière que l'effet qu'elle produit fur le calcul durant fa fermentation, ne paroît pas devoir être attribué à la faculté qu'ont les particules dont elle eft compofée à entrer dans les pores du calcul, mais plutôt à de certaines proportions harmoniques qui fe trouvent entre les vibrations de la liqueur fermentante, & le temps ou degré de tenfion des parties du calcul, à peu près de même que, lorfque deux cordes font également tendues, les vibrations de l'une fe commu-

niquent aisément à l'autre, ou bien, comme je l'ai observé souvent, de même que différens tuyaux d'une orgue font vibrer différentes pièces de bois, suivant la conformité qui se trouve entre la tension des fibres de chaque pièce de bois & le son des différens tuyaux.

8. De la même façon, nous pouvons raisonnablement supposer que, lorsque les vibrations d'une liqueur fermentante & celles des parties du calcul ont un certain rapport, leurs mutuelles oscillations augmentant dans ces cas réciproquement leurs forces, quelques parties du calcul sont par ce moyen changées en air élastique. Ce qui confirme cette conjecture, c'est que j'ai observé que l'air s'élevoit fortement du calcul avec 10 ou 20 gouttes d'huile de soufre; & qu'avec 50 gouttes, il ne s'en élevoit que peu ou point du tout, quoique la proportion des autres ingrédiens de ces mélanges fermentans fût la même dans ces trois cas.

EXPÉRIENCE IV.

Essais pour dissoudre le Calcul.

1. Un calcul du poids de 314 grains, sur lequel j'avois, à quarante-neuf différentes reprises, versé une certaine quantité du menstrue dont je viens de parler, ne pesoit plus que 134 grains; mais le noyau qui resta étoit aussi dur que si la liqueur n'eût eu aucune prise sur lui.

2. J'ai aussi dissous plusieurs autres calculs des plus mous, & brisé les écailles ou couches de quelques autres; mais plusieurs se sont trouvés

affez durs pour que cette liqueur ne pût produire aucun effet fur eux.

3. Ayant fcié en deux un gros calcul, & l'ayant plongé dans la liqueur fermentante, j'ai obfervé que l'air s'élevoit en beaucoup plus grande quantité de la partie intérieure du calcul qui étoit la plus molle, que de fa furface extérieure qui étoit plus dure & plus polie.

4. Pour ce qui regarde les pierres graveleufes, j'ai été redevable à plufieurs perfonnes qui ont eu la bonté de m'en fournir, & j'ai fait les expériences fuivantes.

5. Quelques grains d'un gravier friable de couleur rouge & jaune, ont été réduits en un fable groffier, par fept affufions d'un pouce cubique d'eau, de $\frac{1}{3}$ de pouce cubique de folution de fel de tartre, & de 25 gouttes d'huile de foufre. L'air qui s'élevoit de ce gravier formoit fur la furface même, de larges véficules qui faifoient quelquefois que le gravier furnageoit fur la liqueur.

6. J'ai plongé dans un femblable menftrue un morceau d'un fort gros calcul que l'on avoit tiré le jour précédent ; fon épaiffeur étoit de $\frac{1}{16}$ de pouce, & fa largeur de $\frac{3}{8}$; il étoit couleur de cendre, & fi dur, qu'il étoit difficile d'en rompre quelque portion des bords avec l'ongle. Après 36 affufions de cette liqueur, il devint auffi mou que de la boue, quoiqu'il retînt toujours fa première forme.

7. Trois graviers durs & rougeâtres, qu'une autre perfonne avoit faits, qui n'étoient pas plus gros qu'un gros pois, après onze affufions de cette même liqueur, furent fort ramollis & diminués de volume ; & après vingt-fix affufions de plus, il furent réduits à la groffeur d'une tête d'épingle.

8. J'ai mis deux autres graviers de la même personne, mais qui étoient un peu moins gros, tremper pendant 24 heures dans de l'urine, & je versai
dessus huit fois de ce dissolvant; la nuit suivante je
les laissai tremper encore dans l'urine, & le len-
demain j'y versai seize fois de ce menstrue; après
quoi l'un se trouva dissous, & l'autre fort ramolli:
d'où il suit que l'urine n'empêche point leur dissolution.

9. J'ai dissous de la même manière du gravier
de trois autres personnes, lequel étoit d'une couleur cendrée, ou qui paroissoit composé d'un menu
sable tant soit peu rougeâtre.

10. Mais du gravier plus gros de deux autres
personnes, lequel avoit probablement séjourné
plus long-temps dans les reins ou dans la vessie,
où il s'étoit durci & couvert d'une espèce de ver-
nis dur, ne reçut que peu d'impression de cette
liqueur; cependant il se détacha un peu de pous-
sière de la surface de l'un d'eux après 9 affusions;
& après 30 autres nouvelles affusions, chaque bout
devint mou & friable. Mais cette liqueur ne fit pas
d'impression sur le gravier d'une autre personne.

11. Cette liqueur dissolvoit une pièce de tartre
en 5 affusions; mais une semblable pièce de tartre
restoit 30 heures dans la même liqueur avant que
d'être dissoute, lorsque l'on ne renouveloit pas
les affusions.

12. Il est évident que les bulles d'air qui s'élèvent durant la fermentation, ne sortent pas du
calcul seulement, puisque plusieurs s'élèvent dans
cette partie du vase où il n'y a point de calcul.
Le mélange qui fermente produit donc une certaine quantité d'air; & en effet, le sel de tartre
(Exp. LXXIV, *de la Statiq. des Végét. p. 154.*) en

contient une bonne quantité; cependant, si l'on verse deux égales quantités de liqueur dans deux vases, dans l'un lesquels il y ait des morceaux de calcul, on observera qu'il s'élève une beaucoup plus grande quantité de bulles d'air du vase où est le calcul, que de l'autre vase où il n'y en a point.

13. Quoique ce dissolvant soit encore éloigné de la perfection qu'il faudroit pour nous porter à l'injecter dans la vessie des hommes, (car nous voyons qu'il est nécessaire de l'injecter à différentes reprises, pour qu'il puisse même dissoudre les calculs les plus mous) néanmoins je pensai qu'il seroit à propos d'essayer si la vessie pourroit soutenir une liqueur aussi acide, qui étoit cependant assez douce pour être conservée quelque temps dans la bouche sans y produire aucun effet fâcheux, quoiqu'elle agaçât assez fortement les dents.

EXPÉRIENCE V.

Liqueur injectée dans la vessie de certains Animaux vivans.

1. C'EST pourquoi j'ai injecté à trois diverses fois, au moyen d'un tuyau, demi-pinte de cette liqueur dans la vessie d'un chien, lequel n'a donné aucun signe d'en être incommodé; mais ensuite ayant injecté une pinte & demie de cette liqueur avec deux fois plus de force, l'animal a paru souffrir comme s'il eût été attaqué d'une rétention d'urine; mais tous les symptômes ont disparu en demi-heure. Quelques jours après j'ai éventré

le chien, mais je n'ai pas trouvé que la liqueur eût fait aucune impreſſion dans la veſſie.

2. On peut faire aiſément ces injections dans un chien, en plongeant une ſonde creuſe à travers le périnée dans la veſſie, comme l'enſeigne M. Jean Douglas, chirurgien, & de la Société royales des Sciences. *Tranſact. Phil.* n°. 399.

3. J'ai injecté auſſi pendant douze jours cette même liqueur dans la veſſie d'une chienne, laquelle parut, après cette opération, quelquefois inquiète, & dans d'autres momens elle ne l'étoit point du tout : elle fut enſuite pendant long-temps fort gaie & pleine de feu ; mais quelques mois après, dans l'été, s'étant accouplée, on s'apperçut qu'elle avoit une chute du vagin, ce qui la fit périr : d'où l'on pourroit conclure que les fibres avoient été retirées & endurcies par l'eſprit acide du ſoufre, lequel doit probablement produire un effet ſemblable ſur les fibres de la veſſie. Il ne conviendroit donc pas d'eſſayer la vertu de ce diſſolvant ſur les hommes, & ce n'eſt pas mon deſſein de le conſeiller. Je n'ai eu en vue que de faire voir qu'on pourroit, par ce moyen, découvrir un diſſolvant ſûr pour certains graviers, & quelques calculs des plus mous. Pour ceux qui ſont durs, comme il n'y a que l'eau-forte qui les puiſſe diſſoudre, on ne doit pas ſe flatter de trouver un menſtrue convenable ; mais pour ceux qui ſont tendres, on les diſſout en les laiſſant tremper quelques jours dans de pareils mélanges acides & aſſez doux.

4. J'ai eſſayé de rendre ce diſſolvant encore plus doux, à l'aide de quelques mélanges mucilagineux, tels que la ſolution de la gomme arabique, la décoction de la racine de conſoude ; mais

je n'ai pas trouvé que ce mélange produisît aucun effet, si ce n'est qu'il augmentoit la quantité d'écume lors de l'effervescence, ce qui arrivoit aussi quand j'employois l'urine à la place de l'eau; car j'ai dissous plusieurs morceaux de calcul dans de l'urine mêlée avec la solution de sel de tartre & l'huile de soufre, de façon qu'un peu d'urine dans la vessie n'empêcheroit pas l'effet de ce dissolvant.

EXPÉRIENCE VI.

Description & Usage d'une Algalie double.

1. JE crus qu'il seroit peut-être utile dans ces sortes d'expériences, que le dissolvant pût circuler librement & sans interruption en dedans & en dehors de la vessie; c'est pourquoi je fis faire à un ingénieux artiste une sonde creuse, dont la cavité étoit divisée longitudinalement par une même cloison en deux tubes, dont les extrémités s'écartoient l'une de l'autre. J'avois ajusté à l'un de ces tubes une trachée-artère d'oie, ou l'uretère d'un bœuf, lequel, à l'aide d'un tuyau de verre, recevoit la liqueur qui couloit d'un grand vase placé trois pieds au dessus de la sonde creuse; ainsi, la liqueur passoit par un des tuyaux de la sonde dans la vessie, & après y avoir circulé, elle sortoit par l'autre tuyau.

2. Par le moyen de cet instrument, j'ai fait circuler dans la vessie de la chienne susdite, 23 pouces cubes de ma liqueur dissolvante; après quoi je fis circuler pendant 4 heures $\frac{1}{2}$, de la même manière & sans interruption, trois gallons ou 900 pouces cubes d'eau qui avoit la chaleur de l'urine,

ce qui ne fit aucun mal fenfible à la chienne : lorfque la veffie étoit trop pleine, l'eau s'échappoit
entre la fonde & le fphincter, jufqu'à ce que la
veffie fût remife à fon premier état.

3. Le docteur Keill dans fa *Médecine Statique*,
page 14, remarque que la quantité d'urine que
l'on rend dans 24 heures eft d'environ 39 onces,
dont on rend 21 dans les 12 heures du jour, ce
qui eft près de 2 onces par heure pour le jour : 900
pouces cubes dans 4 heures, $\frac{1}{2}$ donnent environ
200 pouces cubes ou 113 onces par heure ; ainfi,
dans l'expérience ci-deffus, ce qu'il couloit d'u-
rine dans la veffie étoit à ce qui y couloit d'eau
en même temps par la fonde, comme 1 à 56 : on
diminueroit ce rapport en augmentant la hauteur
perpendiculaire de l'eau, & par conféquent fa
force, de même auffi qu'en retranchant une certaine quantité de la boiffon ordinaire. Le peu d'u-
rine qui feroit donc dans la veffie, en comparaifon
de l'eau que nous y avions introduite, ne feroit
pas fuffifante pour empêcher l'effet d'une liqueur
que l'on injecteroit de cette manière, foit qu'on
voulût diffoudre le calcul à l'aide d'un menftrue
qu'on découvriroit, foit pour quelque autre maladie de la veffie qui demanderoit un pareil remède ; dans ces cas, cette double fonde pourroit
être d'ufage.

4. Que fi l'on trouvoit que les tuyaux de cette
double fonde fuffent trop étroits pour donner paffage à l'injection, & laiffer la fortie libre à des
matières glaireufes, il conviendra alors d'employer
une petite fonde ordinaire.

EXPÉRIENCE VII.

Essai des Plantes lithontriptiques.

1. J'AI pesé les racines de quelques plantes alkalines chaudes, savoir, d'oignon, de cochléaria & de raifort, & j'en ai mis la pulpe dans trois pots, au milieu desquels j'ai enfoncé des calculs très-durs, qui avoient été tirés de la même personne ; j'ai comprimé & enfoncé le mélange, & placé le pot dans un lieu fort chaud durant 13 jours.

2. Le cochléaria & le raifort n'ont pas fait d'impression sensible sur leurs calculs ; mais la surface de celui qui avoit été mis dans la pulpe d'oignon étoit si fort ramollie, qu'on pouvoit le ratisser avec les ongles. La même chose arrivoit lorsque l'on mettoit un pareil calcul dans le jus d'oignon mêlé avec de l'eau, & que l'on laissoit le tout au coin d'une cheminée l'espace de 50 jours. L'on a dissous, à l'aide de cette même liqueur & dans le même temps, de petits graviers rougeâtres que deux autres personnes avoient rendus.

3. Ainsi, le jus d'oignon paroît être un puissant dissolvant du calcul ; & quand il ne feroit qu'empêcher l'accroissement du calcul, sans le détruire tout-à-fait, ceux qui sont exposés à cette maladie devroient en manger fréquemment.

EXPÉRIENCE VIII.

Essai de différentes Eaux pour dissoudre le Calcul.

1. **D**ANS l'*Histoire de l'Académie royale des Sciences de Paris*, année 1720, il est rapporté que différens calculs, qui trempèrent plusieurs jours dans l'eau, furent dissous, les uns plus tôt, les autres plus tard selon leur degré de dureté.

2. J'ai choisi quelques graviers cendrés & rougeâtres, & j'en ai mis dans le même temps quelques-uns dans l'eau froide, & d'autres dans l'eau tiède ; & j'ai trouvé que ceux qui étoient dans l'eau chaude se couvroient plus tôt d'une espèce de bave blanchâtre, & se dissolvoient plus tôt que ceux qui étoient dans l'eau froide.

3. J'ai laissé différens graviers dans un petit courant d'eau chaude, durant 14 jours & une bonne partie d'autant de nuits ; plusieurs se couvroient de mucilage blanc, mais ils ne se dissolvoient pas sitôt que ceux qui étoient dans l'eau chaude en repos. Peut-être que cela arrivoit, parce que l'eau courante n'étoit pas la moitié si chaude que l'eau qui étoit en repos ; d'ailleurs, l'eau cessoit de courir une bonne partie de chaque nuit.

4. J'ai versé dans une bouteille de Florence, où j'avois mis des graviers de sept différentes personnes, 39 pouces cubes d'eau, & un pouce d'urine récente ; j'ai ensuite placé la bouteille dans du fumier dont la chaleur étoit égale à celle du sang : mais ils n'ont été couverts que de peu de mucosité en 6 jours, ensorte qu'une aussi petite

quantité

quantité d'urine mêlée avec cette eau, paroît être un obstacle à la dissolution.

5. Ce que j'avois le plus en vue lorsque j'ai fait ces dernières expériences, étoit de découvrir si l'on ne pourroit point, par un usage continuel des diurétiques, détruire au moins en partie les graviers; mais je n'ai pas trouvé qu'ils servissent à autre chose qu'à nettoyer le gravier. Il me semble, à la vérité, probable que, pendant que l'on fait usage de ces diurétiques, le gravier & les pierres ne doivent faire presque aucun progrès, parce qu'ils rendent l'urine plus délayée, moins rance, moins saumurée, & par conséquent moins chargée de particules tartareuses; car on observe que ceux qui sont d'un tempérament chaud, & qui sont d'une constitution plus robuste, ont aussi les urines plus rances, & sont par-là plus sujets au calcul que les autres, soit parce que leur transpiration, plus copieuse, emporte le véhicule qui doit délayer le tartre de l'urine, soit aussi parce que leur urine est plus cuite, plus alkalisée, plus atténuée, & que les parties tartareuses en sont plus subtilisées & moins mucilagineuses que dans l'urine de ceux qui ont un tempérament plus foible; c'est-là, probablement, la principale raison pour laquelle les femmes sont moins sujettes que les hommes, à avoir la pierre ou le gravier.

6. Comme la fermentation rompt & dissout la texture mucilagineuse des liqueurs végétales, telles que le moût, de même le tissu des liqueurs animales est dissous, suivant le degré de digestion qu'elles essuient; car, comme chaque degré de fermentation change les liqueurs végétales en un fluide acide & moins visqueux, de même tout degré de digestion dans le corps des animaux,

foit dans les premières, foit dans les fecondes
voies, tend à la putréfaction. Il eft vrai que, dans
l'état de fanté, cette tendance eft arrêtée jufqu'à
un certain point par la douce émulfion que fournit
une nourriture rafraîchiffante, fans quoi tous les
fluides tendroient rapidement à une funefte putréfaction, laquelle diffout toute vifcofité. De-là
vient que l'urine ne dépofe jamais tant de tartre
aux parois des vafes, que quand elle a été long-
temps à pourrir, & qu'elle eft par-là devenue
moins vifqueufe & plus délayée. Le moût, par la
raifon contraire, ne dépofe point de tartre contre
les parois des tonneaux, ni le vin non plus, tandis
qu'il demeure épais, trouble & mucilagineux;
mais quand, par un plus grand degré de fermentation, il fe clarifie, les molécules du tartre, étant
alors débarraffées, fe portent librement vers les
parois des tonneaux, & y forment une croûte
ferme; &, comme on obferve que le tartre du vin
eft plus dur à mefure que le vin eft plus clair &
plus atténué, de même, fans doute, le calcul de
la veffie eft plus ferme, à mefure que l'urine eft
plus cuite & plus atténuée, & même il ne laiffe
pas de durcir en féjournant long-temps dans l'u-
rine. Ainfi, le mortier que l'on emploie à fonder
les murs, quoiqu'il foit toujours dans l'humidité
de la terre, ne laiffe pas d'être auffi dur, & plus
que celui qui fe trouve toujours à fec. Les os des
animaux & la fubftance ligneufe des arbres, durciffent dans une humidité continuelle. Les Natu-
raliftes ont obfervé que les os des animaux font
plus compactes & plus durs dans les pays chauds
que dans les pays froids; & il y a apparence que
les calculs font auffi plus durs dans les perfonnes
d'un tempérament chaud. Cela s'accorde avec ce

que M. Frédéric Hoffman a observé, que les incrustations pierreuses des bains Carolins en Bohême, étoient plus dures & plus vermeilles, mais en moindre quantité, près de la source & dans les lieux où l'eau avoit un plus grand degré de chaleur ; & qu'au contraire, dans les endroits plus éloignés de la source & où l'eau étoit tiède, les pierres qu'elle formoit étoient d'une consistance plus molle & d'une couleur moins foncée. *Frédér. Hoffman, Disquis. de Therm. Carolinis.*

7. La nature semble nous avoir indiqué que les mucilages doux sont propres à prévenir l'accroissement du calcul, par le soin qu'elle a pris d'enduire les uretères & la vessie d'un pareil mucilage qui s'y sépare de certaines glandes ; lequel ne sert pas seulement à garantir la vessie contre l'acrimonie de l'urine, mais aussi à empêcher l'adhésion de certaines particules tartareuses répandues dans l'urine, qui s'attachent à la vessie, dans les endroits où cette espèce de paroi mucilagineuse a été enlevée par les frottemens des calculs ; & l'on trouve quelquefois que le gravier fait une incrustation dans toute la vessie, & la rend comme schirreuse. L'expérience journalière nous apprend que le tartre de l'urine fait de pareilles incrustations dans les vases où elle séjourne ; & sans doute la même incrustation se formeroit dans la vessie, si elle n'en étoit préservée par une humeur glaireuse. Aussi les Physiciens modernes disent-ils que moins l'urine est mucilagineuse, plus elle est propre à former la pierre. Il n'est donc pas surprenant si les liqueurs balsamiques, onctueuses & mucilagineuses, telles que le lait, l'aile douce, l'eau d'orge, de riz, & les liqueurs mielleuses,

font de bons préfervatifs contre la pierre & le gravier.

8. Et comme on obferve que les alimens bouillis conviennent mieux aux perfonnes qui ont la pierre, que ceux qui font rôtis, frits, ou cuits fur le gril, on ne fauroit en alléguer d'autre caufe, que de ce que ces derniers alimens font moins mucilagineux que ceux qui font bouillis ; car, la furface des alimens rôtis étant en quelque façon brûlée, le tiffu mucilagineux en eft détruit, & la cohéfion des particules tartareufes de l'air (dont plufieurs, fuivant le degré de feu, deviennent élaftiques) eft rompue à un tel point, que les particules qui ont été détachées par l'action du feu & qui font reftées fans reffort, ont beaucoup plus de liberté pour former des concrétions tartareufes.

9. D'où l'on voit combien les anciens fe font trompés, quand ils ont attribué en général la formation & l'accroiffement du calcul aux matières muqueufes & glaireufes, lefquelles fe féparent quelquefois dans une grande quantité des glandes enflées de la veffie ; mais elles ne fe durciffent pas au point de former un calcul.

10. C'étoit-là l'opinion générale des favans du temps de Bévérovicius, (lequel publia leurs écrits fur cette matière, il y a environ un fiècle). Ils croyoient que la matière du calcul étoit une pituite vifqueufe, caufée par le dérangement des reins, & durcie par la chaleur du lit. Mais Van-Helmont, dans fon Traité *de Lithiafi*, réfute avec raifon cette idée, & nie que le calcul, auquel il donne le nom de *duelech*, foit l'effet d'aucune matière gluante, & cela par les raifons fuivantes.

11. Il dit que les glaires que l'on trouve quel-

quefois dans les urines des calculeux, font détachées des parois de la veffie par le frottement des pierres, & que quand on tire le calcul hors de la veffie, les urines ne font plus chargées des glaires ; que fi cette matière formoit le calcul, on le verroit bientôt s'y former de nouveau. Il ajoute que cette mucofité épaiffie ne fait qu'une efpèce de pierre de chaux, ou une concrétion pareille à celle de l'humeur muqueufe du nez lorfqu'elle eft defféchée. Il ajoute, qu'elle ne fauroit former des incruftations dans la veffie qui puffent produire le calcul ; d'où il conclut qu'elle n'eft pas la caufe du calcul, mais bien le tartre qui s'attache aux parois des vafes à uriner.

12. Quoique l'urine foit filtrée à travers un linge, elle ne laiffe pas que de dépofer fon tartre ; d'où il conclut que ce tartre n'eft pas formé d'abord qu'on a rendu l'urine : ou, s'il avoit traverfé le linge en forme de fable fubtil, ce prétendu fable feroit tombé au fond du vafe, & il n'adhéreroit pas aux parois du vafe à égales diftances, parce que, dit-il, la mucofité propre à faire cette incruftation lui auroit manqué.

13. Puifque, comme il l'obferve, ce fable n'eft gluant que quand il s'attache aux parois des vafes, il eft, dit-il, évident que ce fable s'y attache dès qu'il eft formé ; & ce fable n'eft formé & ne s'attache aux parois des vafes, que long-temps après que l'urine eft rendue, & au moment même qu'elle commence à pourrir : à cette première couche, il s'en attache fans ceffe de nouvelles ; & c'eft ainfi qu'il conclut que le calcul fe forme. Il obferve que le tartre s'attache plus tôt & en plus grande quantité dans les vaiffeaux déja incruftés, que dans ceux qui font bien

nets, parce que les particules de tartre s'attirent entre elles plus fortement, qu'elles ne font attirées par les parois des vaiſſeaux ; triſte obſervation pour ceux en qui le calcul a déja commencé de ſe former.

14. Il trouve que l'urine même diſtillée dépoſe un tartre ; & il penſe que l'urine qui a long-temps ſéjourné dans la veſſie ne dépoſe pas ſon tartre contre ſes parois, comme elle fait contre les parois des vaſes, parce que dans la veſſie elle n'eſt pas ſitôt diſpoſée à pourrir.

15. Van-Helmont, trouvant dans les auteurs tant d'ignorance & d'inadvertance ſur ce ſujet, dit qu'il avoit pour plus de cent louis de livres ſur cette matière, qu'il avoit envie de brûler, ſes livres n'y répandant aucun jour. Preuve mortifiante, mais vive & forte, du peu de progrès que nous devons eſpérer de faire en nos recherches ſur l'eſſence des corps, ſi, auparavant nous ne tâchons de diſſiper cette obſcurité par un grand nombre d'expériences choiſies.

16. On obſerve que l'urine qu'on rend long-temps après avoir bu, eſt plus rance, de même qu'il arrive au lait des nourrices, parce qu'elle a été plus long-temps en digeſtion dans le ſang, & parce qu'elle eſt plus dépourvue de parties aqueuſes. Il eſt plus aiſé de retenir après le repas ſon urine, que lorſqu'elle eſt haute en couleur ; ce qui prouve qu'elle eſt auſſi moins rance, & qu'elle picote moins.

17. D'où il paroît probable, que l'accroiſſement du calcul ne ſe fait pas dans une progreſſion égale en ceux qui l'ont, mais tantôt plus vîte, tantôt plus lentement, ſelon que les urines ſont plus âcres ou plus délayées. Il s'enſuit de-là, que

la pierre prend plus d'accroissement en été qu'en hiver ; car durant l'été, la transpiration qui est fort abondante, ôte à l'urine une grande quantité de particules aqueuses, & la chaleur contribue encore à durcir ces concrétions. Arétée s'étoit imaginé , au contraire, que le calcul croissoit davantage en hiver & en automne , à cause de la transpiration qui étoit moindre.

18. Les lames ou couches qu'on observe dans la plupart des calculs confirment encore mon sentiment sur les intervalles de son accroissement ; car, quand l'urine ne dépose pas beaucoup de tartre autour du calcul, alors, en roulant dans la vessie, sa surface devient polie & lisse ; mais quand l'urine fournit de nouveau une grande quantité de tartre, alors il se forme autour du calcul une nouvelle croûte raboteuse , distincte de la surface polie , de laquelle aussi on peut la séparer aisément.

EXPÉRIENCE IX.

L'Alternative du Froid & du Chaud durcit le Calcul.

1. J'ai mis dans une bouteille de Florence pleine d'eau froide, un petit calcul rond, rougeâtre & d'environ $\frac{1}{8}$ de pouce de diamètre, & un morceau d'une pierre fort dure ; & ayant suspendu la bouteille sur le feu, lorsque l'eau bouillit il sortit du petit calcul une grande quantité d'air, lequel soulevoit & agitoit considérablement l'eau ; ensorte que le calcul paroissoit comme le noyau d'une

comète, à laquelle les bulles d'air qui s'échappoient de tous côtés fervoient de queue ou de chevelure.

2. Après une heure & demie d'ébullition, ayant verfé deffus un peu d'eau plus chaude, l'ébullition ceffa pendant une minute, durant laquelle il ne fortit point d'air d'aucun des deux calculs.

3. Une heure & demie après, je verfai un peu plus d'eau dans la bouteille : cette eau étoit beaucoup plus froide que la précédente ; dès que l'eau commença à bouillir, j'attendois qu'il fortiroit de nouvelles bulles d'air du petit calcul, mais cela n'arriva qu'après une longue ébullition ; alors je retirai le petit calcul, & je trouvai qu'il étoit diminué des $\frac{2}{3}$; mais le morceau de pierre dure ne fut pas diminué, quoiqu'il eût auffi rendu quelques bulles.

4. J'ai répété la même expérience avec deux autres calculs gros & durs, & un morceau de tartre du vin du Rhin, lequel fut diffous dans un $\frac{1}{4}$ d'heure ; & je trouvai que, quand j'empliffois la bouteille avec de l'eau fort chaude, le calcul rendoit des bulles d'air à la première ébullition de l'eau ; mais quand, fur ce même calcul, je continuois à verfer de l'eau qui étoit froide, alors il falloit une plus longue ébullition pour lui faire rendre des bulles d'air.

5. Il fuit de-là, que les différens degrés de chaleur & de froid qui fe fuccèdent mutuellement, en empêchant l'éruption des bulles d'air, durciffent beaucoup certains corps. C'eft ainfi que les parties des animaux & des végétaux s'uniffent par degrés, & que le calcul fe durcit de plus en plus dans la veffie. C'eft à de pareils changemens fubits

de la chaleur & du froid, que font dues les fréquentes coagulations du fang.

6. Si l'opinion commune, que la chaleur que contractent les reins lorfque l'on eft couché fur le dos, contribue à l'accroiffement du calcul, a quelque fondement, l'expérience fuivante indiquera de quelle manière elle peut y contribuer. Je foupçonne que la principale caufe qui donne lieu à la première production du gravier dans les reins, eft la pofture horizontale que nous affectons dans le lit. Un des reins eft inférieur à la veffie lorfque l'on eft couché fur le côté, & tous les deux le font quand l'on fe repofe fur le dos; ce qui fait que le baffinet ou la cavité des reins, devient un réfervoir propre à recevoir en dépôt les matières tartareufes de l'urine; & l'urine étant pouffée, dans cette fituation, vers les reins, avec une force qui eft non - feulement égale à la hauteur perpendiculaire de la veffie au deffus d'eux, mais encore qui eft fuffifante pour dilater la veffie & toutes les parties adjacentes du bas-ventre, l'urine doit preffer, (principalement lorfque la veffie eft pleine), avec une force confidérable contre les orifices des tuyaux excrétoires des reins; ce qui retarde l'urine dans fon cours, & lui donne plus de temps pour dépofer fes parties tartareufes dans les petits conduits des papilles rénales, où l'on croit que les premiers rudimens du calcul fe forment ordinairement; & la diffection appuie ce fentiment.

7. Ne pourroit-on pas obvier en quelque façon à ces inconvéniens, en fe couchant, comme font les foldats dans leurs corps-de-garde, dans une pofture inclinée, avec la précaution d'avoir toûjours

la tête & les parties supérieures plus élevées que les pieds & les parties inférieures ?

8. Dans cette situation, l'urine, coulant plus facilement par les uretères, entraîneroit promptement au travers de ces tuyaux les matières tartareuses qu'elle contient ; & la pression contre les orifices des tuyaux excrétoires des reins étant ôtée, l'urine se sépareroit du sang plus tôt & en plus grande quantité ; c'est pour cette raison qu'il me paroît vraisemblable qu'entr'autres causes, la situation droite du corps peut procurer une plus grande séparation de l'urine le jour que la nuit.

9. Nous pouvons juger combien il est important que les orifices des conduits excrétoires du bassinet ne soient pas comprimés, par le soin que la nature semble avoir pris pour l'empêcher, en plaçant des valvules aux extrémités inférieures des uretères, qui communiquent à la vessie. Ruysch a observé les reins d'une brebis qui étoient dilatés jusqu'à contenir une pinte de liqueur, par une suppression d'urine dans la vessie ; & l'on ne sauroit douter qu'une moindre pression sur ces conduits, ne troublât la secrétion de l'urine.

10. C'est par cette raison que je crois qu'il est utile d'avertir de se coucher alternativement sur les deux côtés ; car, lorsque nous sommes couchés sur le côté gauche, les tuyaux excrétoires & la cavité du rein gauche étant situés au dessous de la vessie, l'urine qu'ils séparent y séjourne long-temps ; au lieu que les tuyaux & le bassinet du rein droit étant supérieurs à la vessie, la liqueur qu'ils séparent a un libre cours des reins dans la vessie : il doit arriver la même chose à l'égard du rein gauche, lorsque l'on est couché sur le côté

droit. C'est pourquoi il est fort important de se coucher, tantôt sur un côté, & tantôt sur un autre, afin que les sédimens tartareux qui peuvent avoir été déposés dans un rein lorsqu'il étoit inférieur à la vessie, puissent en être chassés par le changement de situation, avant qu'ils aient eu le temps de s'unir en petites parties sablonneuses, qui deviendroient aisément des calculs plus considérables.

11. C'est dans la même vue que nous devons (aussitôt que nous nous appercevons de quelque incommodité dans un rein) avoir attention à ce qu'il soit toujours le plus élevé, pour essayer si les rudimens de ces concrétions sablonneuses pourroient être emportés heureusement par ce moyen.

12. On peut attribuer les premières formations du calcul dans les enfans, à la posture renversée qu'ils tiennent en dormant, avec d'autant plus de raison, qu'ils retiennent l'urine long-temps dans la vessie lorsqu'ils dorment trop long-temps.

13. Je sens bien que ces précautions paroîtront frivoles à beaucoup de gens ; mais je ne puis les croire telles, après les raisons que j'ai citées ci-dessus ; car, quoique je sois fort éloigné de les regarder comme un moyen sûr de préserver tout le monde de ce mal, cependant, comme elles peuvent être utiles à quelques-uns, il est certainement convenable de faire des épreuves aussi faciles sur une matière si importante à notre santé.

14. Van Helmont rapporte que, faisant réflexion qu'il se couchoit toujours sur le même côté, il eut peur que l'urine ne coulât pas librement du rein qui se trouvoit inférieur à la vessie, soit par la raison que nous venons d'alléguer, soit à cause des obstacles qui pouvoient naître de la compression

des inteſtins ; mais il dit qu'il fut bientôt délivré de ſa crainte, par deux perſonnes qui avoient toujours couché l'une ſur le côté droit, & l'autre ſur le gauche, ſans jamais avoir été attaquées du calcul dans le rein qui ſe trouvoit ſitué au deſſous de la veſſie : une de ces perſonnes même étoit incommodée du calcul dans le rein qui avoit été ſupérieur. Mais, malgré ces exemples & quelques autres qui ſont venus à ma connoiſſance, je crois, par les raiſons que j'ai rapportées, que le rein inférieur eſt plus ſujet à être incommodé du calcul.

15. Pluſieurs perſonnes ayant obſervé qu'un rein étoit ſouvent attaqué du calcul, quoique l'autre ne le fût pas, ont attribué cette différence à la différente conſtitution des reins. Quelquesuns ont dit que les tuyaux excrétoires du rein malade étoient trop étroits, d'autres qu'ils étoient trop relâchés, ce qui arrive ſouvent ; mais ce relâchement provient vraiſemblement de ce que la ſécrétion de l'urine eſt arrêtée, & des douleurs continuelles que le calcul occaſionne, de ſorte qu'il n'eſt pas tant la cauſe que l'effet même de la pierre.

EXPÉRIENCE X.

La Boiſſon contribue plus au Calcul que le Manger.

1. QUAND on fait attention à la grande quantité d'air qui ſe trouve néceſſairement dans nos alimens, ſoit qu'on les tire de la claſſe des animaux, ou de celle des végétaux ; & quand on réfléchit

en même temps sur la disposition que la plupart des liqueurs que nous prenons ont à déposer des concrétions tartareuses, il ne doit pas paroître étonnant si l'urine de quelques personnes est si propre à la formation des calculs. Cette mauvaise qualité semble plus dépendre de la qualité de notre boisson, que de celle des alimens ; ces derniers sur-tout, lorsqu'ils sont cuits, étant plus mucilagineux que les liqueurs que nous buvons ordinairement, & par conséquent moins propres à déposer des parties tartareuses. Cette conjecture se confirme lorsque l'on compare la quantité d'air que la fermentation, l'effervescence ou la distillation tirent des substances animales ou végétales, avec celle du tartre de ces mêmes substances, qui n'est pour la plus grande partie qu'une concrétion formée de leurs fluides ; car l'on trouve que le tartre rend beaucoup plus d'air qu'aucune partie solide de la plante ou de l'animal ; ce qui démontre combien les fluides sont propres à la formation des concrétions tartareuses. Cette vérité a lieu non-seulement dans l'urine & les liqueurs fermentées, comme le vin, &c. mais aussi dans la plupart des eaux. J'ai trouvé, par expérience, que les incrustations des sources pétrifiantes sont tartareuses, aussi-bien que ces croûtes qui s'attachent au fond & aux parois des vaisseaux dans lesquels on a souvent fait bouillir de l'eau.

2. Ayant distillé dans une retorte de fer trois cents dix-huit grains, ou environ un demi-pouce cubique d'incrustation pierreuse, tirée des bains froids qui se trouvent dans les bois de Madingly près de Cambridge, j'en retirai 326 pouces cubiques d'air, dont 54 perdirent leur élasticité dans six jours.

3. Cent six grains d'une semblable incrustation, mêlés avec l'esprit de sel, donnèrent, en fermentant, 72 pouces cubes d'air, qui perdirent tout leur ressort dans l'espace de sept jours.

4. Je réussis également, en prenant des incrustations formées dans un coquemar, dans lequel on avoit souvent fait bouillir de l'eau d'un puits qui avoit été creusé dans une terre argileuse bleuâtre ; je tirai, par le moyen de la distillation des trois quarts d'un pouce cubique de cette incrustation, 324 pouces cubes d'air, dont 180 perdirent leur ressort dans quatre jours.

5. Une égale quantité d'incrustation plus dure, formée par l'eau de New-river, donna, par la distillation, 234 pouces cubes d'air, dont 108 perdirent leur élasticité en quatre jours.

6. Ces sortes d'incrustations laissent échapper l'air plus lentement que le tartre du vin ou le calcul humain ; c'est par cette raison qu'il faut, pour les distiller, continuer plus long-temps un grand degré de chaleur.

7. Trois cents vingt-huit grains, ou environ un pouce cubique d'incrustation pulvérisée, mêlés avec deux pouces cubes d'esprit de sel, donnèrent 81 pouces cubiques d'air, qui furent tous dépouillés de leur élasticité dans l'espace de sept jours.

8. Trois cents vingt-huit grains de la même incrustation, mêlés avec 2 pouces cubes d'huile de soufre, rendirent 216 pouces cubiques d'air, qui furent également sans ressort au bout de sept jours.

9. La même quantité de cette incrustation, mêlée avec une semblable quantité d'huile de vitriol, fournit 198 pouces cubes d'air, dont 124 furent absorbés dans sept jours.

10. Cent quarante-six grains d'une incrustation

formée dans un coquemar, par de l'eau qui avoit coulé au travers de la craie à Baſingſtoke en Hampshire, mêlés avec de l'eſprit de ſel, donnèrent 126 pouces cubiques d'air dont 72 perdirent leur élaſticité en ſept jours. Cette eau dépoſoit ces incruſtations en ſi grande quantité, que dans l'eſpace de deux ans elles étoient parvenues à un demi-pouce d'épaiſſeur.

11. Nous voyons par ces expériences, que ces incruſtations ſont tartareuſes, auſſi s'attachentelles comme le tartre, non-ſeulement au fond, mais encore aux parois des vaiſſeaux ; & par cette raiſon l'on peut conclure avec vraiſemblance, que pluſieurs eaux qui produiſent ces ſortes d'incruſtations, contiennent des principes propres à avancer la formation du calcul dans les reins & dans la veſſie. Cette qualité ſe trouve plus remarquable dans quelques eaux que dans d'autres ; celles de Paris rempliſſent les tuyaux par leſquels elles coulent d'une ſi grande quantité de ces incruſtations tartareuſes, que l'eau ne peut plus enfin y paſſer. On ſait auſſi que les habitans de cette grande ville ſont plus ſujets à la pierre dans la veſſie, que ceux des autres pays : ce qui prouve encore que les liqueurs contribuent plus à la formation du calcul, que les alimens ſolides. Cette vérité eſt encore démontrée par les effets que produiſent les petits vins qui abondent en tartre, & qui ne rendent que trop ſouvent les perſonnes qui en boivent ſujettes à la pierre & à la goutte.

EXPÉRIENCE XI.

Sur les Eaux minérales.

1. **L**ES expériences ſuivantes démontrent que les eaux ſont chargées plus ou moins de ces parties tartareuſes, ſuivant la différente nature des couches des minéraux, des pierres, &c. au travers deſquelles elles ſont filtrées.

2. Ayant diſtillé un pouce cubique d'argile bleue, j'en fis ſortir 108 pouces cubes d'air, dont il y en eut 36 qui perdirent leur élaſticité. Cette argile ne fermentoit point avec l'eſprit de ſel.

3. Je diſtillai 318 grains de marbre blanc d'Italie, qui ne rendirent que peu d'air avant d'être extrêmement échauffés ; mais lorſqu'ils le furent une fois, il s'éleva 234 pouces cubes d'air, dont 50 perdirent leur reſſort dans cinq jours.

4. Et d'une pareille quantité d'une ſorte de talc trapézoïde, qu'on tire des montages de Suiſſe, il s'éleva 288 pouces cubiques d'air, dont 90 perdirent leur élaſticité en cinq jours. On pouvoit remarquer que les bulles d'air qui conſervoient leur forme pendant un certain temps, dès qu'elles venoient à crever leur enveloppe viſqueuſe, ſe briſant, donnoient de la fumée de la même façon que la corne de cerf diſtillée dans l'Expérience LXXVII *de la Staſtique des Végétaux, pag. 161.*

5. D'une pareille quantité de pierre ſélénite, il ne ſortit dans la diſtillation que 39 pouces cubes d'air, leſquels 9 pouces perdirent leur élaſticité en cinq jours.

6. De

6. De 146 grains, ou près d'un tiers de pouce cube de craie, il fortit par fon effervefcence avec 2 pouces cubes d'efprit de fel, 81 pouces cubes d'air, defquels 36 perdirent leur élafticité en neuf jours.

7. D'une pareille quantité de cornaline & d'efprit de fel, il s'éleva 288 pouces cubes d'air, defquels 162 perdirent leur élafticité en fept jours.

8. La pierre que l'on tire de la montagne de Purbeck, mife dans l'efprit de fel, produifit 118 pouces cubes d'air, dont la plus grande partie perdit fon élafticité en fept jours.

9. De la *pierre à feu* & de l'efprit de fel, il fortit 108 pouces cubes d'air, dont 36 perdirent leur élafticité en fept jours.

10. J'ai trouvé de la même manière que l'effervefcence fait fortir une grande quantité d'air de plufieurs autres minéraux, tels que font la pierre de Portland, le marbre noir, le bleuâtre, le rougeâtre; le diamant de Briftol, & une efpèce de marbre dans lequel ce diamant croît, ainfi que de différentes efpèces de talcs, & de quelques morceaux de bois & d'os pétrifiés; mais la pierre dure rougeâtre que l'on emploie pour paver, & qui fert de left aux vaiffeaux du Nord, la pierre de Darby, les meules de moulin qu'on tire de France, & les marcaffites de fer, n'en fournirent point.

11. Nous trouvons donc des principes tartareux dans un grand nombre de foffiles; ainfi, il n'eft pas furprenant que les eaux qui coulent à travers de leurs minières, foient chargées plus ou moins de principes tirans fur l'alkali, de façon que ces eaux minérales, qu'on nommoit mal-à-propos eaux aigrelettes, ont été trouvées par un foigneux

examen être alkalines, & devroient plutôt porter ce dernier nom, quoiqu'il soit probable que les corps les plus durs, tels que sont le marbre de Bristol, les cristaux, & autres semblables, ne communiquent que peu de leurs propriétés, en comparaison de ceux qui sont moins compactes, comme la craie, la terre glaise bleuâtre, & autres semblables.

12. Cependant il y a des eaux qui ne déposent point d'incrustation tartareuse dans les vaisseaux où elles bouillent. L'eau qui est conduite pour l'usage public des habitans de Hodsdon, province de Herford, est de ce genre; cette eau s'élève en bouillonnant à travers d'un sable blanc fort fin, & elle ne laisse aucune incrustation dans les pots, quoiqu'on s'en soit servi durant quinze années. Telle est encore l'eau qui est portée dans la maison de M. Baynes, située heureusement sur le mont Havering en Essex : sur le sommet de la montagne d'où elle coule, il y avoit anciennement une maison royale, & le terroir est sablonneux. On observe aussi que les eaux les plus pures, sont celles qui sont filtrées à travers le sable, pourvu qu'elles n'aient point auparavant passé sur des couches de minéraux qu'elles aient pu dissoudre. Telle est encore l'eau qui sert au palais royal d'Hampton-court, laquelle, dans une cafetière dont on se sert depuis 14 ans, n'a laissé aucune incrustation. Il en est de même de la fontaine chaude de M. Harvey à Comb, de celle de *Norh-Homes* & du vieux parc, dont se servent le doyen, les chanoines, & les autres habitans de Cantorbery. Ces eaux ont leur source dans des montagnes sablonneuses, & sont conduites par des tuyaux de plomb, l'une de la montagne de

Comb en Surrey, & l'autre d'une pareille montagne qui eſt éloignée d'un quart de mille de Cantorbery ; de manière que l'eau qui paſſe au travers du gravier, ne paroît avoir contracté aucune qualité tartareuſe ; & l'on doit remarquer que je n'ai trouvé dans mes expériences, ſoit que je les aie faites à l'aide du feu ou par fermentation, aucune qualité tartareuſe dans les graviers ni les cailloux.

13. Hippocrate condamne l'uſage des eaux que l'on conduit dans des tuyaux de plomb ; cependant, trois des ſources ci-deſſus mentionnées, qui font un long chemin dans des tuyaux pareils, (celle d'Hampton-court, par exemple, environ deux milles) ne donnent aucune incruſtation.

14. L'eau de Comb ſe trouve plus douce & plus propre à blanchir le linge avec moins de ſavon, que l'eau de la Tamiſe & celle de la rivière d'Hampton-court ; d'où il paroît probable que l'âcreté de certaines eaux, & la propriété qu'elles ont de mettre en grumeaux & de coaguler le ſavon, peuvent être en bonne partie attribuées aux principes tartareux dont elles ſont chargées.

15. L'eau de Comb ne ſort pas d'une grande profondeur dans la terre, avant de ſe filtrer dans le gravier, ce qui eſt le cas auſſi des eaux de Cantorbery & de celles de Havering.

16. Comme la montagne de Comb eſt graveleuſe preſque à ſa ſurface, & que les ſources ſortent du ſommet même à travers le gravier, l'eau doit retenir beaucoup des qualités de l'eau de pluie, puiſque la roſée & la pluie qui tombent au ſommet ne reçoivent probablement d'autre altération, en ſe filtrant à travers le gravier, que celle de ſe dépouiller des ſoufres & des autres

impuretés qu'elles pouvoient avoir, & d'en sortir plus pures.

17. En comparant les sédimens qui restent après l'évaporation d'égales quantités d'eau, savoir, de 34 pouces cubes d'eau de pluie & d'autant d'eau de Comb, je les ai trouvés parfaitement égaux, savoir, de 2 grains, dont le poids est à celui de l'eau dont on les tire, comme 1 est à 4445 ; & le sédiment de l'eau de Havering Bower, étoit à peu près dans la même proportion. Pour la découvrir exactement, je coupois le haut d'une bouteille de Florence, & en augmentois par-là l'orifice ; je la remplissois ensuite, après l'avoir pesée, d'égales quantités d'eau que je pesois aussi exactement, lesquelles je faisois évaporer sur un feu de sable gradué, auquel je conservois un égal degré de chaleur. Le sédiment des eaux de pluie étoit d'un brun plus foncé que celui des eaux de Comb : ce dernier se fondit en peu de jours, jusqu'à pouvoir se former en petites gouttes ; d'où l'on peut conjecturer qu'il contenoit une quantité, quoique fort petite, de certain sel de l'espèce probablement que l'on appelle nitreux. J'ai tiré d'une pareille quantité d'eau de Scarborough-Spaw, 48 grains de sédiment, c'est-à-dire dans la proportion de 1 à 185 : il étoit presque aussi blanc que du sucre en pain ; & après quelques jours il se fondit, & prit un goût amer & nauséeux, tel que l'ont les sédimens d'Ebsham & de quelques autres eaux purgatives. Le sédiment d'une pareille quantité d'eau du puits chaud de Bristol, étoit de 4 grains, ou dans le rapport de 1 à 2222 ; elle étoit sillonnée & blanche comme celle des eaux de Scarborough-Spaw : quelques jours après elle fondit, mais elle n'avoit point de mauvais goût. Ayant fait évapo-

rer demi-livre d'eau du puits de Havering, qui eft purgative, il refta 24 grains $\frac{1}{2}$ de fédiment, c'eft-à-dire, dans le rapport de 1 à 143 ; de demi-livre d'eau d'*Acton*, j'eus 22 grains d'un fel fort blanc : c'eft dans le rapport de 1 à 159.2 ; & de pareille quantité d'eau d'Ebsham, j'eus 17 grains, ce qui eft dans le rapport de 1 à 206.1.

18. On a remarqué dans plufieurs puits & fontaines, que lorfque les fources font abondantes, comme après les grandes pluies, leurs eaux font plus douces ; & qu'au contraire, après une longue féchereffe, lorfqu'elles font fur le point de tarir, elles ont plus d'âpreté : ce mauvais goût leur eft communiqué par les couches de craie bleue & autres, à travers lefquelles elles paffent. D'où l'on voit pourquoi les eaux des fources qui font fort baffes ne font pas fi bonnes à faire de la bière, que celles dont les fources font hautes & abondantes.

19. Le docteur Mead, dans fon *Traité des Poifons*, obferve une faute que commettent fouvent à Londres les braffeurs de bière, dans le choix qu'ils font de certaines eaux de puits croupiffantes, pour la préparation de la bière & d'autres boiffons : ces fortes d'eaux ont, il eft vrai, plus de force diffolvante pour extraire la teinture de la drêche, que n'en ont de bonnes eaux de rivière ; cependant ils ne doivent point les employer, à moins d'une grande néceffité ; car cette force diffolvante eft l'effet des particules minérales & alumineufes dont elles font chargées.

20. Un auteur moderne, continue M. Mead, (Vid. *Dr. J. H. fcelera aquarum , or a Supplement to M. Grant on the Bills of a mortality*) examinant les premières hiftoires de la maladie que nous appelons *fcorbut*, & que Pline, liv. 25, ch. 3,

Q iij

& Strabon, géographe, liv. 6, ont nommée in-distinctement *stomacace* & *scelotyrbe* ; & parcourant les descriptions authentiques qu'en ont données les médecins des pays septentrionaux , tels qu'Olaüs le grand, Balduinus Ronsæus, G. Wier, Sal. Albert & semblables , trouve qu'en tout temps & en tout lieu, on a attribué l'origine de cette maladie à l'usage des eaux croupissantes & infectées. Comparant ensuite les couches de terre argileuse que l'on trouve autour de Londres, de Paris & d'Amsterdam , il conclut que l'on doit attribuer aux eaux le ravage que fait dans ces villes le scorbut. Enfin , il met hors de doute que la plupart des symptômes étranges & compliqués de cette maladie, doivent, sinon en tout, du moins en partie , leur naissance & leur malignité aux mauvaises eaux.

21. Et en effet, Hippocrate, qui a décrit assez exactement cette maladie sous le nom de σπλῆνες μεγάλοι, observe dans un autre traité (*De Aëre, aquis & locis, sub finem*) que les eaux croupissantes de puits produisent un mauvais effet sur la rate & sur le ventricule.

22. Si nous en cherchons la raison , il faut considérer que l'argile est un minéral chargé de sels métalliques, dont les eaux qui passent à travers se chargent facilement; & que ces sels, comme l'observe Lyster , (*De Font. med. Angl.* P. N, p. 75), ne sauroient être domptés ou changés par la force de la digestion; ainsi, ils ne produiront pas seulement des concrétions calculeuses dans les reins, la vessie & aux articulations , mais encore, comme le remarque Hippocrate, ils occasionneront des tumeurs au foie : ils doivent aussi nécessairement irriter, par leur mauvaise qualité , les

tuniques délicates de l'estomac & des autres
viscères, & par-là, empêcher ou arrêter la digestion des alimens : d'ailleurs, ces sels entrant
dans le sang, il ne sera pas surprenant s'ils obs-
truent les petits tuyaux à l'aide desquels se fait la
transpiration insensible. Et c'est de-là que Sancto-
rius déduit que *l'eau pesante change la transpiration insensible en une sanie, laquelle étant retenue
produit communément la cachexie* (Sanctor. aph.
6 , sect. 2.)

23. Il est aisé de voir combien de maux décou-
lent de-là : non-seulement on sent des douleurs
dans les différentes parties du corps, & l'on a des
taches livides sur la peau, des ulcères, &c. qui
sont produits par l'acrimonie de cette humeur qui
est retenue ; mais encore tous ces symptômes in-
quiétans, que l'on connoît ordinairement sous le
nom de passions hystérique & hypocondriaque,
partent de cette source.

24. Quoique les personnes d'une constitution
robuste ne soient pas sujettes à ces incommodi-
tés, au moins avant le déclin de l'âge , cependant
je suis persuadé, par de bonnes expériences, que
l'on doit y faire attention lorsqu'il s'agit de tem-
péramens foibles, de gens qui mènent une vie
sédentaire, & principalement du sexe le plus délicat.

25. J'ai l'honneur d'être proche parent d'une
dame de mérite, qui a vécu fort tristement à cause
des fréquens retours d'une colique dont elle étoit
affligée, jusqu'à ce que l'illustre Van-Helmont lui
conseilla heureusement de ne point boire de bière
brassée avec de l'eau de puits, ce qu'elle fit ; & la
santé dont elle jouit à présent est tellement due
à l'attention qu'elle y apporte, que la moindre

négligence est inévitablement suivie des mêmes douleurs qu'elle sentoit auparavant.

26. C'est par toutes ces raisons que Pline nous dit (lib. 31, cap. 3.,) que l'*on défendoit d'abord l'usage des eaux qui laissoient des incrustations aux parois des vaisseaux dans lesquels on les faisoit bouillir.* Si l'on examinoit les cafetières de nos dames, on verroit bientôt que nos eaux de puits ont cette qualité.

27. Van Helmont, dans son *Traité sur la Pierre*, fait mention d'une fontaine pétrifiante qui se trouve près de Bruxelles, dont les eaux causoient des tranchées aux moines qui en buvoient, à moins qu'ils n'eussent la précaution de manger tous les jours des semences de carottes sauvages bouillies dans de la bière. Il est vrai cependant, qu'il y a plusieurs exemples de personnes qui boivent des eaux pétrifiantes sans en ressentir aucuns mauvais effets, & sans être attaquées de la pierre; mais nous ne pouvons pas conclure de-là, avec raison, qu'elles ne produisent souvent de pernicieux effets.

28. Pour conclure, les expériences précédentes nous ayant fait voir la qualité des pierres des reins & de la vessie, & les causes qui les produisent, elles peuvent nous servir de beaucoup, si ce n'est pas à découvrir quelque dissolvant sûr, du moins à nous faire éviter les choses qui sont propres à causer ces concrétions, & à nous diriger dans l'usage & dans le choix des alimens solides & liquides qui peuvent en empêcher l'accroissement.

29. Car puisque, nonobstant les urines tartareuses que tout le monde rend, ainsi que leurs incrustations aux vases le prouve, le plus grand nombre des personnes est exempt de la pierre; & quoique plusieurs personnes rendent du sable, il

n'y en a cependant qu'un petit nombre qui aient
un calcul dans les reins , & moins encore dans la
vessie. Il semble donc raisonnable de penser, que
si la qualité tartareuse de l'urine de ceux qui sont
sujets à la pierre , pouvoit être en quelque façon
diminuée , en ne leur donnant que des alimens &
des boissons convenables , & en prenant d'autres
précautions , ils pourroient se délivrer, ainsi que
les autres , de ces premiers rudimens du calcul ;
mais quand une fois le gravier est formé , sa masse
augmente en trop peu de temps ; c'est pourquoi il
est très-important d'employer tous les moyens
propres à en procurer la sortie aussitôt qu'il est
tombé dans la vessie, avant qu'il ait pu acquérir
un volume trop considérable pour passer par l'urèthre. Je crois que la cause qui empêche la plupart
des pierres , qui se trouvent dans la vessie, d'en
sortir, vient principalement de ce que la pierre ,
picotant le col de la vessie , excite de fréquentes
envie d'uriner ; & comme il n'y a que peu d'urine
dans la vessie , les pierres y sont retenues faute
d'un véhicule suffisant pour les pousser au dehors ;
au lieu que si le malade retenoit son urine jusqu'à
ce que la vessie fût bien pleine , il se trouveroit
alors une force plus considérable pour entraîner le
calcul ; & de plus , le sphincter de la vessie étant
plus dilaté , lui donneroit plus aisément passage ,
sur-tout si l'on avoit eu soin de rendre les urines
mucilagineuses , en ordonnant des boissons convenables. Que si dans ce cas & par ce moyen le
calcul n'étoit point poussé au dehors , & qu'au
contraire il causât une suppression totale d'urine,
on sait qu'un chirurgien peut aisément l'écarter
du col de la vessie avec la sonde ; & peut-être
même qu'en l'écartant ainsi, l'on pourroit lui don-

ner une situation qui le rendroit plus propre à passer dans un autre temps.

30. Pendant que je travaillois à ces expériences sur le calcul, il me vint en pensée, qu'avec l'aide de l'instrument que je vais décrire, on pourroit faire sortir ces grosses pierres graveleuses qui demeurent souvent plusieurs jours dans l'urèthre, & causent des douleurs violentes au malade, qui n'en peut être quelquefois délivré que par le moyen des incisions.

31. J'ai coupé l'extrémité inférieure d'une sonde étroite, & par ce moyen je pouvois y introduire un stylet ou une pince ; je divisai l'extrémité inférieure de cette pince en deux branches, de la même manière que le sont ces pincettes dont on se sert pour s'arracher le poil du nez. Les bouts de ces deux branches étoient un peu tournés en dedans ; elles étoient souples & flexibles, de sorte qu'elles ne pouvoient blesser les parois de l'urèthre en les écartant l'une de l'autre.

32. Pour se servir de cet instrument, on introduit les branches de la pince dans la canule ; & lorsque la canule a été poussée dans l'urèthre jusqu'à l'endroit où se trouve le calcul, on la retire afin de faire place aux branches de la pince qui s'écartent naturellement ; on pousse ensuite la pince un peu plus avant, de manière qu'elle embrasse la pierre, & l'on fait glisser de nouveau la canule dans l'urèthre, afin que la pince saisisse promptement le calcul & le tire dehors.

33. J'ai envoyé cet instrument à M. Ranby pour savoir ce qu'il en pensoit : il m'a dit qu'il avoit trouvé, par des expériences réitérées, que par son moyen l'on tiroit ces pierres avec aisance & promptitude, & qu'il avoit été si fort approuvé

par les autres chirurgiens, que plusieurs d'entre eux s'en servoient.

34. Ce petit instrument sera donc propre à tirer les pierres qui s'arrêtent dans l'urèthre, après avoir passé l'endroit où ce canal fait une courbure près de l'os pubis ; & je sais qu'elles s'arrêtent ordinairement dans les endroits de ce conduit, qui sont à la portée de ce petit instrument : mais si elles s'arrêtoient avant d'avoir passé la courbure de l'os pubis, on pourroit vraisemblablement les tirer en pliant cet instrument, comme on plie les sondes ordinaires. Si le stylet étoit d'argent, on le plieroit plus aisément.

35. M. Ranby croit que cet instrument peut encore servir dans le cas de resserrement de quelque partie de l'urèthre ; car en poussant la pince dans l'endroit rétréci, & l'y tenant pendant quelque temps, l'effort continuel que les branches feroient pour s'écarter l'une de l'autre, pourroit élargir la partie resserrée.

Fin de la Statique des Animaux.

TABLE
DES MATIÈRES
CONTENUES
DANS L'HÆMASTATIQUE.

Fin de la Table.

www.ingramcontent.com/pod-product-compliance
Lightning Source LLC
LaVergne TN
LVHW021541170726
843501LV00004B/1154